U0050056

電 路 學(下)

叢書主編：楊宏澤博士

黃燕昌博士、黃昭明博士著

弘智文化事業有限公司

序　言

　　對電機、電子工程學系的學生而言，《電路學》是一門相當實用的基礎課程，它主要由電阻、電感及電容等基本要素所組合而成，目的在於探討這些要素之組合電路所引發的一些響應。而此一電路響應行為乃是電機、電子各相關領域所須具備的基礎知識。

　　本書在內容安排上，力求簡單明瞭，期使讀者在短時間內進行系統化、有效率的學習。本書不僅可做為電機、電子及相關工程領域之教科書，亦非常適合做為個人自習入門之用。此外，為使讀者能充份練習，每一章節均有練習題與解答。此外，書後更附上各章習題與解答為作者精心設計，讀者可自行練習以測試對該章內容之了解程度。

　　全書(上)(下)兩冊共十二章，每章探討的主題如下：

第一章：基本概念　　　　　第七章：耦合元件與耦合電路

第二章：電路元件　　　　　第八章：圖脈理論分析

第三章：網路定理　　　　　第九章：狀態方程式

第四章：一階電路　　　　　第十章：拉普拉斯轉換

第五章：二階電路　　　　　第十一章：雙埠網路

第六章：弦波穩態分析　　　第十二章：三相電路

主編的話

　　電機、電子領域博大精深，但也是創造我國經濟與科技發展最重要
的基石。目前有關電機、電子的教科書種類不勝枚舉，但大多以國外原
文書籍為主，為了能與世界同步接軌，原文書籍的閱讀與使用有其必
要，若無語文間的差異與隔閡，理論與技術的獲得將會更直接。

　　有鑑於此，為有效作為技術與學習者的橋樑，縮短學習者與所需理
論或技術間的距離，我們計畫以最新與最好的電機、電子類叢書著作、
編輯與出版為使命，除本書**電路學**外，將陸續出版**工程數學**、**電子學**、
數位邏輯設計、**電力系統**與**自動控制**等序列基本學科為目標，提供讀者
無距離的閱讀感受，減少研習這些基本學科的摸索時間，直接接觸學科
精華，使您閱讀後有如受高僧灌頂的喜悅，並對該門學問具有清晰的觀
念與完整性的知識。

　　以電路學教本出發，特邀請黃燕昌博士與黃昭明博士，精心撰寫本
書。兩位黃教授皆於國立成功大學電機工程系取得電機博士學位，目前
分別任教於正修技術學院與崑山科技大學電機系。作者不僅具深厚專業
素養、豐富實務歷練，並由於具備多年教學經驗，中文寫作與表達能力
在技術學院與大專院校中實屬一時之選。作者以國內外同類書籍重要內
容為經，個人多年學習與教學經驗為緯，以親切、通順自然的語言所完
成的自我中文創作，完全沒有坊間翻譯書籍的艱澀難懂與原文書讀起來

隔靴搔癢的感覺。

　　本書除正文外，作者在附錄中亦附上詳細的習題與解答，供學子自我測試與參考之用。相信本書的出現勢必為國內電機、電子領域電路學之學習與教授，帶來正面實質的助益。

編者

中原大學電機系主任暨教授　楊宏澤　謹序

目　錄

第七章　耦合元件與耦合電路

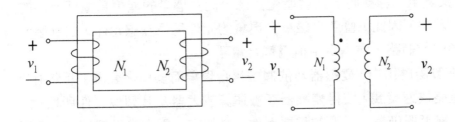

7.1 耦合元件

7.2 耦合元件串並聯

7.3 耦合係數

7.4 耦合元件之儲能

7.5 線性變壓器

7.6 理想變壓器

7.7 變壓器之等效模型

7.8 結論

在第四章中曾描述電感爲電感元件上兩端電壓與流經電感器電流之時間變化率的比值（如（4-1）式），此電感量乃由一線圈繞在一鐵磁材料上所產生，一般稱之爲「自感（self-inductance）」，或稱爲電感。當一線圈所產生的磁通又交鏈至其他線圈時，亦即有一共同磁通（magnetic flux）交鏈至二線圈時，則會產生互感，此互感量的產生爲電感元件的磁耦合現象。因此，會產生磁耦合現象的元件稱爲互感元件，由互感元件所形成的網路，在本章中稱爲耦合電路。

在實際應用中，變壓器乃依據磁耦合現象而操作之裝置。近來由於積體電路快速發展，使得變壓器漸被運算放大器及其類似元件所取代。然而，變壓器仍是一重要的電機元件。譬如在一電力輸送系統中，變壓器將電壓提升以降低輸電損失，然後降低電壓以使住家或工業用戶得以安全的使用電力。其他如捷運系統、無線電接收器，以及電視接收器等均含有一個或一個以上的變壓器。變壓器也被廣泛應用於消除高頻雜訊及電源轉換器上。

本章各節內容摘要如下：7.1 節介紹耦合元件，7.2 節爲耦合元件之串並聯，7.3 節描述耦合元件之耦合係數，7.4 節則介紹耦合元件之儲能，7.5 節介紹線性變壓器，7.6 節爲理想變壓器，7.7 節爲變壓器之等效模型，最後爲結論。

7.1　耦合元件

耦合元件係指能產生互感成份的裝置。爲說明互感的產生，以圖 7.1 爲例，在同一鐵心上繞有兩組線圈，當線圈 I 通以電流 i_1 時，則產生磁力線 $\phi_1 = \phi_{11} + \phi_{12}$，其中 ϕ_{11} 僅與線圈 I 本身交鏈，稱爲漏磁通，由此漏磁通所產生的電感量稱爲自感量，其所產生的電勢稱爲自感電勢；而 ϕ_{12} 與線圈 II 交鏈，稱爲互磁通，由此互磁通所產生的電感量稱爲互感量。此互磁通在線圈 II 上感應一電勢，稱爲互感電勢。若不考慮愣次定律，則

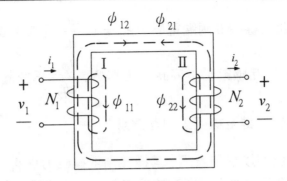

圖 7.1 互感現象的產生

$$v_1 = N_1 \frac{d\phi_{11}}{dt} + N_2 \frac{d\phi_{12}}{dt}$$

$$= L_1 \frac{di_1}{dt} + M_{12} \frac{di_2}{dt}$$

$$= e_{11} + e_{12} \tag{7-1}$$

上式中，v_1 為跨於線圈 I 兩端電壓，$e_{11} = L_1 \frac{di_1}{dt}$ 稱為自感電勢，

$e_{12} = M_{12} \frac{di_2}{dt}$ 則為互感電勢；同時 $L_1 = N_1 \frac{d\phi_{11}}{di_1}$ 為線圈 I 的自感量，

$M_{12} = N_2 \frac{d\phi_{12}}{di_2}$ 為交鏈至線圈 II 的互感量，由此可說明互感的產生來自

於磁耦合現象。

當線圈 II 接上負載時，則會產生電流 i_2，此電流同樣產生

$\phi_2 = \phi_{22} + \phi_{21}$ 的磁力線，其中 ϕ_{22} 為線圈 II 的漏磁通，ϕ_{21} 則交鏈至線圈

I，故線圈 II 的電壓亦必由此二項磁通所構成，即

$$v_2 = N_2 \frac{d\phi_{22}}{dt} + N_1 \frac{d\phi_{21}}{dt}$$

$$= L_2 \frac{di_2}{dt} + M_{21} \frac{di_1}{dt}$$

$$= e_{22} + e_{21} \tag{7-2}$$

上式中，v_2 為跨於線圈 II 兩端電壓，$e_{22} = L_2 \dfrac{di_2}{dt}$ 為線圈 II 的自感電勢，

$e_{21} = M_{21} \dfrac{di_1}{dt}$ 則為互感電勢；同時，$L_2 = N_2 \dfrac{d\phi_{22}}{di_2}$ 為線圈 II 的自感量，

$M_{21} = N_1 \dfrac{d\phi_{21}}{di_1}$ 為交鏈至線圈 I 的互感量。

　　互感的單位亦以亨利表示，其極性則依據磁力線 ϕ_{12} 與 ϕ_{21} 的方向而定。若兩磁力線為同方向，則互感為正；反之，互感為負。同時，在同一磁路中，線圈的互感量應相等[1]。以圖 7.1 為例，則 $M_{12} = M_{21} = -M$（因 ϕ_{12} 與 ϕ_{21} 為相反方向）。在實際電路中，可使用註記黑點「•」的方式表示磁力線（ϕ_{12} 與 ϕ_{21}）的方向，如圖 7.2 所示。

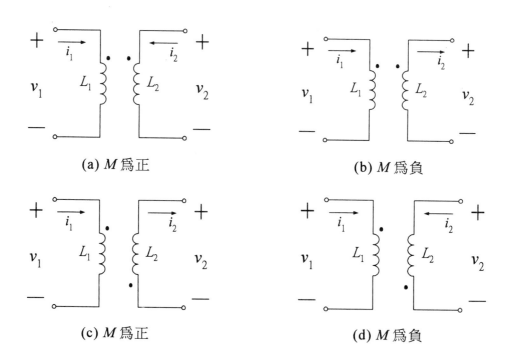

(a) M 為正　　　　　　　　　　　(b) M 為負

(c) M 為正　　　　　　　　　　　(d) M 為負

圖 7.2 利用黑點「•」判別互感的極性

---

[1] 在 7.4 節將證明 $M_{12} = M_{21} = M$

　　圖 7.2 為圖 7.1 的電路符號表示方式，事實上，圖 7.1 為變壓器的基本結構。由圖 7.2 可知，當兩線圈的電流 i_1 與 i_2 同時由黑點進出時，則 ϕ_{12} 與 ϕ_{21} 同方向，互感為正；否則，互感為負。上述互感極性的判別方法可同時應用於多個線圈但同一磁路的耦合電路中。

例題 7.1

圖 7.3 為一包含互感的電路，試求 v_2 之值。

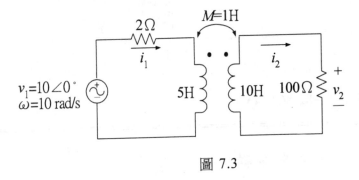

圖 7.3

【解】根據圖 7.3 之電路，可列出兩個迴路方程式，如下所示：

$$(2 + j50)i_1 - j10i_2 = 10$$
$$- j10i_1 + (100 + j100)i_2 = 0$$

因此，

$$i_2 = \frac{\begin{vmatrix} 2 + j50 & 10 \\ - j10 & 0 \end{vmatrix}}{\begin{vmatrix} 2 + j50 & - j10 \\ - j10 & 100 + j100 \end{vmatrix}} = \frac{j100}{-4700 + j5200}$$

$$= \frac{100\angle 90°}{7009\angle 132°} = 0.0143\angle - 42° \quad (A)$$

$$v_2 = 100i_2 = 1.43\angle - 42° \quad (V)$$

練習題

D7.1　圖 D7.1 中，若 $v_s = 110\sin 10t\,(\mathrm{V})$，求 v_2 之值。

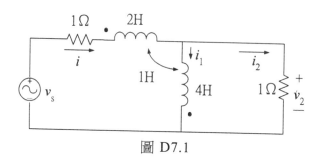

圖 D7.1

【答】　$8.21\angle -82.86°$ （V）

7.2　耦合元件串並聯

7.2.1　串聯

當兩個或兩個以上的線圈相串聯時，其總電感為兩電感之和再加上他們之間的互感，而互感的極性則取決線圈間連接的方式以及線圈本身的繞線方法。

考慮圖 7.4，其中

$$v_1 = L_1 \frac{di_1}{dt} + M \frac{di_2}{dt}$$
$$v_2 = M \frac{di_1}{dt} + L_2 \frac{di_2}{dt}$$

若以矩陣表示，則

$$\begin{bmatrix} v_1 \\ v_2 \end{bmatrix} = \begin{bmatrix} L_1 & M \\ M & L_2 \end{bmatrix} \begin{bmatrix} \dfrac{di_1}{dt} \\ \dfrac{di_2}{dt} \end{bmatrix}$$

$$= \begin{bmatrix} L_1 & M \\ M & L_2 \end{bmatrix} \begin{bmatrix} i_1' \\ i_2' \end{bmatrix} \tag{7-3}$$

由於　　$v = v_1 + v_2$

　　　　$i = i_1 = i_2$

因此

$$v = \left(L_1 i_1' + M i_2' \right) + \left(M i_1' + L_2 i_2' \right)$$

$$= \left(L_1 + L_2 + 2M \right) i'$$

$$= L_{eq} i'$$

即等效電感為

$$L_{eq} = L_1 + L_2 + 2M \tag{7-4}$$

由（7-3）式及（7-4）可知，等效電感為電感矩陣中所有元素之和。

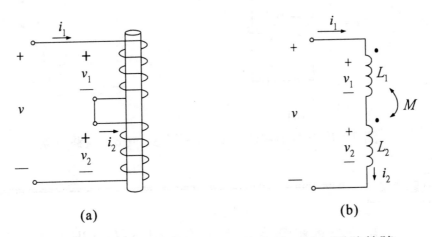

(a)　　　　　　　　　　　　　　(b)

圖 7.4 串聯互助接法（a）接線方式，（b）電路符號

圖 7.4 中，由於兩線圈所產生的互磁通方向相同，總磁通因而增加，此種連接方式稱為「串聯互助」。

今若將圖 7.4 的繞線方式修改如圖 7.5 的方式，則

$$i = i_1 = -i_2$$
$$v = v_1 - v_2$$

根據（7-3）式，

$$v = \left(L_1 i_1{}' + M i_2{}' \right) - \left(M i_1{}' + L_2 i_2{}' \right)$$
$$= \left(L_1 i' - M i' \right) - \left(M i' - L_2 i' \right)$$
$$= \left(L_1 + L_2 - 2M \right) i'$$
$$= L_{eq} i'$$

其中　　$L_{eq} = L_1 + L_2 - 2M$　　　　　　　　　　　　　　（7-5）

由於兩線圈之磁通方向相反，故等效電感降低，上述接法又稱為「串聯互消」接法。

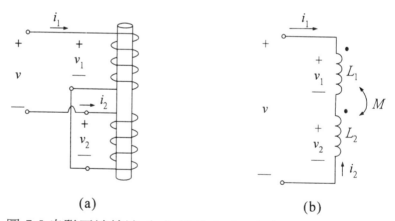

(a)　　　　　　　　　　　　　　　(b)

圖 7.5 串聯互消接法（a）接線方式，（b）電路符號

例題 **7.2**

已知一三繞組耦合元件，$L_1 = 2H$，$L_2 = 3H$，$L_3 = 4H$，$M_{12} = 1H$，$M_{23} = 1H$，$M_{13} = 2H$，其接法分別如圖 7.6 之（a）， （b）所示，試分別求其等效電感值。

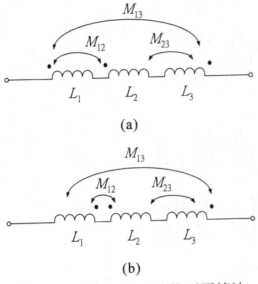

(a)

(b)

圖 7.6 三繞組耦合元件的不同接法

【解】由圖 7.6（a）可得等效電感爲

$$L_{eq} = (L_1 + M_{12} - M_{13}) + (L_2 + M_{12} - M_{23}) + (L_3 - M_{23} - M_{13})$$
$$= (2+1-2) + (3+1-1) + (4-1-2)$$
$$= 5 \ (H)$$

由圖 7.6（b）可得等效電感爲

$$L_{eq} = (L_1 - M_{12} + M_{13}) + (L_2 - M_{12} - M_{23}) + (L_2 + M_{13} - M_{23})$$
$$= (2-1+2) + (3-1-1) + (4+2-1)$$
$$= 9 \ (H)$$

7.2.2　並聯

　　並聯耦合電路的等效電感在求解上較串聯耦合電路複雜，一般均以倒感係數矩陣表示較爲簡捷。倒感定義爲電感的倒數，今以圖 7.7 加以

說明。

根據（7-3）式，由於

$$\begin{bmatrix} v_1 \\ v_2 \end{bmatrix} = \begin{bmatrix} L_1 & M \\ M & L_2 \end{bmatrix} \begin{bmatrix} i_1' \\ i_2' \end{bmatrix}$$

因此，

$$\begin{bmatrix} i_1' \\ i_2' \end{bmatrix} = \begin{bmatrix} L_1 & M \\ M & L_2 \end{bmatrix}^{-1} \begin{bmatrix} v_1 \\ v_2 \end{bmatrix}$$

$$= \begin{bmatrix} \Gamma_1 & \Gamma_M \\ \Gamma_M & \Gamma_2 \end{bmatrix} \begin{bmatrix} v_1 \\ v_2 \end{bmatrix} \tag{7-6}$$

由於　　$v = v_1 = v_2$

　　　　$i = i_1 + i_2$

因此　　$i' = i_1' + i_2'$

$$= \left(\Gamma v_1 + \Gamma_M v_2 \right) + \left(\Gamma_M v_1 + \Gamma_2 v_2 \right)$$
$$= \left(\Gamma_1 + \Gamma_2 + 2\Gamma_M \right) v$$

等效倒感　$\Gamma_{eq} = \Gamma_1 + \Gamma_2 + 2\Gamma_M$ \hfill （7-7）

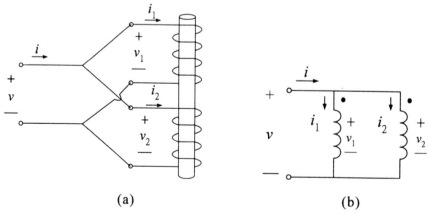

(a)　　　　　　　　　　　　　　(b)

圖 7.7 並聯互消接法（a）接線方式，（b）電路符號

上述結果可視爲（7-6）式之倒感矩陣內所有元素之和。由於 i_1 及 i_2 均從線圈之黑點進入（見圖 7.7（b）），互磁通爲同方向，因此倒感爲正。

因電感爲倒感的倒數，故

$$L_{eq} = \frac{1}{\Gamma_{eq}} \tag{7-8}$$

圖 7.7 爲並聯互消接法，即兩線圈所產生的磁通方向一致。現若改變成如圖 7.8 的接線方式，使得兩線圈的磁通方向相反，則

$$v = v_1 = -v_2$$

且
$$i = i_1 - i_2$$

結合上式與（7-6）式，則

$$
\begin{aligned}
i' &= i_1' - i_2' \\
&= (\Gamma_1 v_1 + \Gamma_M v_2) - (\Gamma_M v_1 + \Gamma_2 v_2) \\
&= (\Gamma_1 v - \Gamma_M v) - (\Gamma_M v - \Gamma_2 v) \\
&= (\Gamma_1 + \Gamma_2 - 2\Gamma_M) v
\end{aligned} \tag{7-9}
$$

（7-9）式可視爲（7-6）式倒感矩陣內所有元素之和，由於 i_1 從黑點進入，i_2 從黑點流出（見圖 7.8（b）），因此倒感爲負值。此時之等效電感爲：

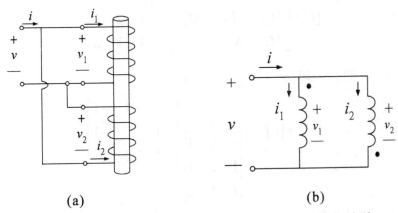

(a)　　　　　　　　　　(b)

圖 7.8 並聯互消接法（a）接線方式，（b）電路符號

$$L_{eq} = \frac{1}{\Gamma_{eq}} = \frac{1}{\Gamma_1 + \Gamma_2 - 2\Gamma_M} \qquad (7\text{-}10)$$

例題 **7.3**

試求圖 7.9 中，（a）與（b）之等效電感，其中 $L_1 = L_2 = L_3 = 2\text{H}$，$|M_{12}| = |M_{13}| = |M_{23}| = 1\text{H}$。

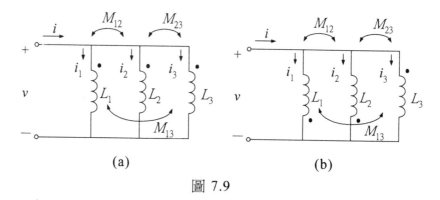

(a)　　　　　　　　　　　(b)

圖 7.9

【解】（1）由圖 7.9（a）可得其電感矩陣

$$[L] = \begin{bmatrix} L_1 & M_{12} & M_{13} \\ M_{21} & L_2 & M_{23} \\ M_{31} & M_{32} & L_3 \end{bmatrix} = \begin{bmatrix} 2 & 1 & 1 \\ 1 & 2 & 1 \\ 1 & 1 & 2 \end{bmatrix}$$

倒感矩陣為

$$[\Gamma] = [L]^{-1} = \frac{1}{\begin{vmatrix} 2 & 1 & 1 \\ 1 & 2 & 1 \\ 1 & 1 & 2 \end{vmatrix}} \begin{bmatrix} 3 & -1 & -1 \\ -1 & 3 & -1 \\ -1 & -1 & 3 \end{bmatrix}$$

$$= \frac{1}{4} \begin{bmatrix} 3 & -1 & -1 \\ -1 & 3 & -1 \\ -1 & -1 & 3 \end{bmatrix}$$

因此，

$$\Gamma_{eq} = \frac{1}{4}(3-1-1-1+3-1-1-1+3)$$

$$= \frac{3}{4} \ \left(H^{-1} \right)$$

等效電感

$$L_{eq} = \frac{1}{\Gamma_{eq}} = \frac{4}{3} \ (H)$$

（2）由（b）圖知線圈 3 的繞線方向與線圈 1 及線圈 2 相反，因此，將（1）中倒感矩陣內 Γ_{13}、Γ_{23}、Γ_{31} 及 Γ_{32} 等元素變號即可，即

$$[\Gamma] = \frac{1}{4} \begin{bmatrix} 3 & -1 & 1 \\ -1 & 3 & 1 \\ 1 & 1 & 3 \end{bmatrix}$$

等效倒感

$$\Gamma_{eq} = \frac{1}{4}(3-1+1-1+3+1+1+1+3)$$

$$= \frac{11}{4} \ \left(H^{-1} \right)$$

等效電感

$$L_{eq} = \Gamma_{eq}^{-1} = \frac{4}{11} \ (H)$$

7.2.3 串並聯混合電路

　　串並聯混合電路的計算，若使用矩陣方式處理，則需要留意線圈的極性問題。同時，由前節說明可知，若線圈串聯時，可使用電感矩陣運算；若線圈並聯，則使用倒感矩陣運算。底下將舉一例題說明。

例題 **7.4**

　　圖 7.10 中，$L = 2\text{H}$，$|M| = 1\text{H}$，求等效電感值。

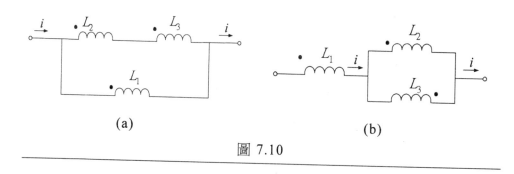

(a)　　　　　　　　　　　　　　(b)

圖 7.10

【解】（1）如圖 7.10（a）所示，線圈 2 與線圈 3 串聯後再與線圈 1 並聯，因此，先列出電感矩陣，

$$[L] = \begin{bmatrix} 2 & 1 & 1 \\ 1 & 2 & 1 \\ 1 & 1 & 2 \end{bmatrix}$$

　　　　由於線圈 2 與線圈 3 串聯，故先將上述矩陣之第 2 行與第 3 行相加，得

$$[L] = \begin{bmatrix} 2 & 2 \\ 1 & 3 \\ 1 & 3 \end{bmatrix}$$

再將上述矩陣之第 2 列與第 3 列相加，得

$$[L] = \begin{bmatrix} 2 & 2 \\ 2 & 6 \end{bmatrix}$$

今再與線圈 1 並聯，即

$$[\Gamma] = [L]^{-1} = \frac{1}{\begin{vmatrix} 2 & 2 \\ 2 & 6 \end{vmatrix}} \begin{bmatrix} 6 & -2 \\ -2 & 2 \end{bmatrix}$$

$$= \frac{1}{8} \begin{bmatrix} 6 & -2 \\ -2 & 2 \end{bmatrix}$$

$$\Gamma_{eq} = \frac{1}{8}(6 - 2 - 2 + 2) = \frac{4}{8} = \frac{1}{2}$$

故等效電感

$$L_{eq} = \frac{1}{\Gamma_{eq}} = 2 \ (\text{H})$$

（2）在（b）圖中，線圈 2 與線圈 3 並聯後再與線圈 1 串聯。今先算出倒感矩陣，

$$[\Gamma] = [L]^{-1} = \begin{bmatrix} 2 & 1 & 1 \\ 1 & 2 & 1 \\ 1 & 1 & 2 \end{bmatrix}^{-1}$$

$$= \frac{1}{4} \begin{bmatrix} 3 & -1 & -1 \\ -1 & 3 & -1 \\ -1 & -1 & 3 \end{bmatrix}$$

因於線圈 3 磁通與線圈 1 及線圈 2 相反，因此 M_{13}，M_{23}，M_{31}，M_{32} 需改變符號，即

$$[\Gamma] = \frac{1}{4}\begin{bmatrix} 3 & -1 & 1 \\ -1 & 3 & 1 \\ 1 & 1 & 3 \end{bmatrix}$$

線圈 2 與線圈 3 並聯，故先將上列倒感矩陣之第 2 行與第 3 行相加後，再將第 2 列與第 3 列相加，即

$$[\Gamma] = \frac{1}{4}\begin{bmatrix} 3 & -1 & 1 \\ -1 & 3 & 1 \\ 1 & 1 & 3 \end{bmatrix}$$

相加

$$= \frac{1}{4}\begin{bmatrix} 3 & 0 \\ -1 & 4 \\ 1 & 4 \end{bmatrix} \quad 相加$$

$$= \frac{1}{4}\begin{bmatrix} 3 & 0 \\ 0 & 8 \end{bmatrix} = \begin{bmatrix} \dfrac{3}{4} & 0 \\ 0 & 2 \end{bmatrix}$$

$$[\Gamma] = [L]^{-1} = \begin{bmatrix} \dfrac{3}{4} & 0 \\ 0 & 2 \end{bmatrix}^{-1}$$

$$= \begin{bmatrix} \dfrac{4}{3} & 0 \\ 0 & \dfrac{1}{2} \end{bmatrix}$$

故其等效電感為：

$$L_{eq} = \frac{4}{3} + 0 + 0 + \frac{1}{2}$$

$$= \frac{11}{6} \ (\text{H})$$

　　值得留意的是，利用電感（或倒感）求解串、並聯混合電路的過程中，倘因反矩陣運算使得行列式值為零時，則可利用傳統網目電流法獲得等效電感值。

例題 **7.5**

　　考慮圖 7.11 之電路，其中 $L_1 = 2H$ ， $L_2 = 3H$ ， $L_3 = 2H$ ， $M_{12} = 1H$ ， $M_{13} = 2H$ ， $M_{23} = 1H$ ，求等效電感值。

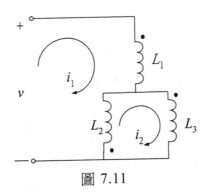

圖 7.11

【解】若使用矩陣運算，其電感矩陣為

$$[L] = \begin{bmatrix} L_1 & M_{12} & M_{13} \\ M_{21} & L_2 & M_{23} \\ M_{31} & M_{32} & L_3 \end{bmatrix} = \begin{bmatrix} 2 & 1 & 2 \\ 1 & 3 & 1 \\ 2 & 1 & 2 \end{bmatrix}$$

由於

$$\begin{vmatrix} 2 & 1 & 2 \\ 1 & 3 & 1 \\ 2 & 1 & 2 \end{vmatrix} = 0$$

因此無法使用矩陣運算。

根據圖 7.11，可列其網目電流方程式如下：

$$v = L_1 \frac{di_1}{dt} + M_{13} \frac{di_2}{dt} - M_{12} \frac{d(i_1 - i_2)}{dt} + L_2 \frac{d(i_1 - i_2)}{dt} - M_{12} \frac{di_1}{dt} - M_{23} \frac{di_2}{dt}$$

$$= (L_1 + L_2 - M_{12} - M_{21}) \frac{di_1}{dt} + (-L_2 + M_{13} + M_{12} - M_{23}) \frac{di_2}{dt}$$

$$0 = L_3 \frac{di_2}{dt} + M_{31} \frac{di_1}{dt} - M_{32} \frac{d(i_1 - i_2)}{dt} + L_2 \frac{d(i_2 - i_1)}{dt} + M_{21} \frac{di_1}{dt} + M_{23} \frac{di_2}{dt}$$

$$= (-L_2 + M_{31} - M_{32} + M_{21}) \frac{di_1}{dt} + (L_2 + L_3 + M_{32} + M_{23}) \frac{di_2}{dt}$$

若以矩陣表示，則

$$\begin{bmatrix} v \\ 0 \end{bmatrix} = \begin{bmatrix} L_1 + L_2 - M_{12} - M_{13} & -L_2 + M_{31} + M_{21} - M_{32} \\ -L_2 + M_{31} - M_{32} + M_{21} & L_2 + L_3 + M_{32} + M_{23} \end{bmatrix} \begin{bmatrix} \dfrac{di_1}{dt} \\ \dfrac{di_2}{dt} \end{bmatrix}$$

$$= \begin{bmatrix} 2+3-1-1 & -3+2+1-1 \\ -3+2-1+1 & 3+2+1+1 \end{bmatrix} \begin{bmatrix} \dfrac{di_1}{dt} \\ \dfrac{di_2}{dt} \end{bmatrix}$$

$$= \begin{bmatrix} 3 & -1 \\ -1 & 7 \end{bmatrix} \begin{bmatrix} i_1' \\ i_2' \end{bmatrix}$$

即 $v = 3i_1' - i_2'$ ①

      $0 = -i_1' + 7i_2'$ ②

將 $i_2' = \dfrac{1}{7} i_1'$ 代入①式，得

      $v = 3i_1' - \dfrac{1}{7} i_1' = \dfrac{20}{7} i_1'$

故 $L_{eq} = \dfrac{v}{i_1'} = \dfrac{20}{7}$ (H)

練習題

D7.2 圖 D7.2 中，若 $L = 2\text{H}$，$|M| = 1\text{H}$，求等效電感值。

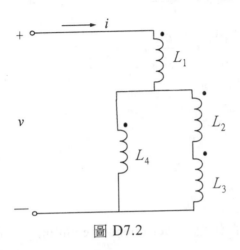

圖 D7.2

【答】$L_{eq} = 5.75(\text{H})$

7.3 耦合係數

　　在 7.1 節中已說明互感的產生來自於磁耦合現象，由（7-1）式及（7-2）式可知：

$$L_1 = \frac{N_1\phi_{11}}{i_1} \ , \ \ M_{12} = \frac{N_2\phi_{12}}{i_2} \tag{7-11}$$

及

$$L_2 = \frac{N_2\phi_{22}}{i_2} \ , \ \ M_{22} = \frac{N_2\phi_{21}}{i_1} \tag{7-12}$$

倘 $M_{12} = M_{21} = M$，則（7-11）式中之 M_{12} 與（7-12）式之 M_{21} 相乘，得

$$M_{12} \times M_{21} = M^2$$

$$= \frac{N_2\phi_{12}}{i_2} \times \frac{N_2\phi_{21}}{i_1}$$

令　　$k = \dfrac{\phi_{12}}{\phi_{11}} = \dfrac{\phi_{21}}{\phi_{22}}$

則

$$M^2 = \dfrac{N_2(k\phi_{11})}{i_2} \times \dfrac{N_1(k\phi_{22})}{i_1}$$

$$= k^2 \times \dfrac{N_1\phi_{11}}{i_1} \times \dfrac{N_2\phi_{22}}{i_2}$$

$$= k^2 L_1 L_2$$

因此，$M = k\sqrt{L_1 L_2}$

即　　$k = \dfrac{M}{\sqrt{L_1 L_2}}$　　　　　　　　　　　　　　　　　　（7-13）

上式中，k 稱為耦合係數（coefficient of coupling），同時，

$$0 \le k \le 1 \qquad\qquad\qquad\qquad（7\text{-}14）$$

當 k 值越大，表示各線圈處於越接近位置，可提供較大的磁通量；若 $k = 1$，則所有磁通均與二個線圈交鏈，稱為全耦合；若 $0.5 < k < 1$，稱為緊密耦合（tightly coupled），如大部分的鐵心變壓器；若 $0 < k < 0.5$，稱為鬆弛耦合（loosely coupled），如大部分的空氣心變壓器；當 $k = 0$ 時，則二線圈完全沒有耦合，由（7-13）式知互感 $M = 0$。

例題 7.6

圖 7.12 中，$Z_c = -j25\Omega$，當（1）$k = 0$，（2）$k = 0.5$時，求輸入阻抗 Z_{in}。

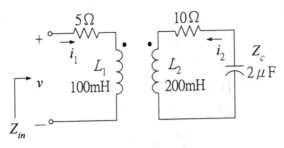

圖 7.12

【解】
$$Z_c = -j25 = -j\frac{1}{\omega C}$$

得 $$\omega = \frac{1}{25C} = \frac{1}{25 \times 2 \times 10^{-6}} = 20 \ (\text{krad/s})$$

（1）$k = 0$時，$M = 0$

$$\begin{aligned}
v &= 5i_1 + j\omega L_1 i_1 \\
&= (5 + j\omega L_1)i_1 \\
&= (5 + j20 \times 10^3 \times 100 \times 10^{-3})i_1 \\
&= (5 + j2000)i_1
\end{aligned}$$

故輸入阻抗為

$$Z_{in} = \frac{v}{i_1} = 5 + j2000 \ (\Omega)$$

（2）$k = 0.5$時，

$$M = k\sqrt{L_1 L_2} = 0.5\sqrt{100 \times 10^{-3} \times 200 \times 10^{-3}} = 70.7 \ (\text{mH})$$

由左側迴路：
$$(5 + j\omega L_1)i_1 + j\omega M \, i_2 = v$$

即 $$(5 + j2000)i_1 + j1414 \, i_2 = v \qquad\qquad ①$$

由右側迴路：
$$j\omega M i_1 + (10 + j\omega L_2 - j25)i_2 = 0$$

即 $$j1414 i_1 + (10 + j3975)i_2 = 0 \qquad\qquad ②$$

由①②式得

$$i_1 = \frac{\begin{vmatrix} v & j1414 \\ 0 & 10+j3975 \end{vmatrix}}{\begin{vmatrix} 5+j2000 & j1414 \\ j1414 & 10+j3975 \end{vmatrix}}$$

$$= \frac{(10+j3975)v}{-5950554+j39875}$$

$$= \frac{3975\angle 89.86°}{5950687\angle 179.62°}v$$

$$= (6.68\times 10^{-4}\angle -89.76°)v$$

故輸入阻抗為

$$Z_{in} = \frac{v}{i_1} = \frac{1}{6.68\times 10^{-4}\angle -89.76°}$$

$$= 1479\angle 89.76°$$

$$= 6.27+j1497 \quad (\Omega)$$

練習題

D7.3　　圖 7.12 中，若 $k=1$，求輸入阻抗 Z_{in}。

【答】　　$5-j12$　(Ω)

7.4　耦合元件之儲能

在第四章中已說明電感器內儲存能量為

$$w_L = \frac{1}{2}Li^2 \tag{7-15}$$

為說明耦合元件儲存之能量，再次考慮 7.1 之兩繞組元件，令其初始電壓和電流為零，即無初始能量。在時間 $t=t_1$ 時，線圈 II 開路，且 i_1 由零增至某一固定值 I_1，此時線圈 I 之瞬間功率為

$$p_1 = v_1 i_1 = \left(L_1 \frac{di_1}{dt} + M_{12} \frac{di_2}{dt} \right) i_1$$

$$= \left(L_1 \frac{di_1}{dt} \right) i_1$$

線圈 II 之瞬間功率為

$$p_2 = v_2 i_2 = \left(M_{21} \frac{di_1}{dt} + L_2 \frac{di_2}{dt} \right) i_2$$

$$= 0$$

因此，在這一段時間內累積的能量為

$$w_1 = \int_0^{t_1} (p_1 + p_2) dt$$

$$= \int_0^{t_1} \left(L_1 \frac{di_1}{dt} \right) i_1 dt$$

$$= \int_0^{t_1} L_1 i_1 di_1$$

$$= \frac{1}{2} L_1 I_1^2 \tag{7-16}$$

令電流 i_1 維持 I_1，電流 i_2 由時間 t_1 到 t_2 時則增為 I_2，由於 i_1 不變，因此 $di_1/dt = 0$，累積能量為

$$w_2 = \int_{t_1}^{t_2} (p_1 + p_2) dt$$

$$= \int_{t_1}^{t_2} \left[\left(M_{12} \frac{di_2}{dt} \right) I_1 + \left(L_2 \frac{di_2}{dt} \right) i_2 \right] dt$$

$$= \int_0^{t_2} (M_{12} I_1 + L_2 i_2) di_2$$

$$= M_{12} I_1 I_2 + \frac{1}{2} L_2 I_2^2 \tag{7-17}$$

由（7-16）及（7-17）式知，在 0 至 t_2 時間內，兩段時間儲能的能量為

$$w = w_1 + w_2$$

$$= \frac{1}{2}L_1I_1^2 + \frac{1}{2}L_2I_2^2 + M_{12}I_1I_2 \qquad (7\text{-}18)$$

重複上述步驟，不過時間由 0 至 t_1 時，先增加 i_2 至 I_2，且保持 $i_1 = 0$；其次在時間由 t_1 至 t_2 時，電流 i_2 維持 I_2，並增加 i_1 至 I_1，則可得

$$w = \frac{1}{2}L_1I_1^2 + \frac{1}{2}L_2I_2^2 + M_{21}I_1I_2 \qquad (7\text{-}19)$$

（7-18）及（7-19）式主要差別在於互感 M_{21} 與 M_{12} 互換而已。然而，線圈之初始及最終條件相同，故儲存能量必相同。因此，

$$M_{12} = M_{21} = M$$

且
$$w = \frac{1}{2}L_1I_1^2 + \frac{1}{2}L_2I_2^2 + MI_1I_2 \qquad (7\text{-}20)$$

上式中，若兩線圈之互磁通方向相反，則互感 M 為負值，此時

$$w = \frac{1}{2}L_1I_1^2 + \frac{1}{2}L_2I_2^2 - MI_1I_2 \qquad (7\text{-}21)$$

整合（7-20）及（7-21）式，且將定值電流改為瞬時電流，則

$$w = \frac{1}{2}L_1i_1^2 + \frac{1}{2}L_2i_2^2 \pm Mi_1i_2 \qquad (7\text{-}22)$$

例題 **7.7**

圖 7.13 中，$i_1 = 10\sin(2t + 30°)$，今於 $t = 0$ 時，求（1）v_1，（2）v_2，（3）總儲能。

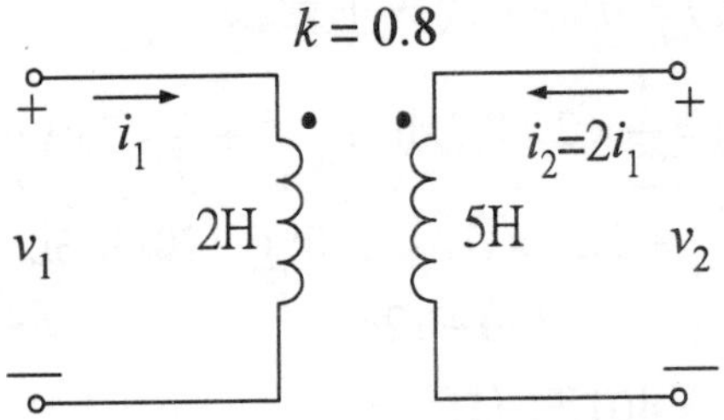

圖 7.13

【解】　（1）　$M = k\sqrt{L_1 L_2} = 0.8\sqrt{2 \times 5} = 2.53$ （H）

$$v_1 = L_1 \frac{di_1}{dt} + M \frac{di_2}{dt}$$
$$= 2[20\cos(2t + 30°)] + 2.53[40\cos(2t + 30°)]$$

當 $t = 0$ 時，代入上式得

$$v_1 = 2(20\cos30°) + 2.53(40\cos30°)$$
$$= 122.28 \ \text{(V)}$$

（2）　$$v_2 = M \frac{di_1}{dt} + L_2 \frac{di_2}{dt}$$
$$= 2.53[20\cos(2t + 30°)] + 5[40\cos(2t + 30°)]$$

當 $t = 0$ 時，代入上式得

$$v_2 = 2.53(20\cos30°) + 5(40\cos30°)$$
$$= 217.03 \ \text{(V)}$$

（3）　$$w = \frac{1}{2}L_1 i_1^2 + \frac{1}{2}L_2 i_2^2 + M i_1 i_2$$
$$= \frac{1}{2} \times 2 \times [10\sin(2t + 30°)]^2 + \frac{1}{2} \times 5 \times [20\sin(2t + 30°)]^2$$
$$+ 2.53[10\sin(2t + 30°)] \times [20\sin(2t + 30°)]$$

當 $t = 0$ 時，代入上式得

$$w = \frac{1}{2} \times 2 \times (10 \sin 30°)^2 + \frac{1}{2} \times 5 \times (20 \sin 30°)^2$$
$$+ 2.53 \times (10 \sin 30°) \times (20 \sin 30°)$$
$$= 25 + 250 + 126.5$$
$$= 401.5 \quad (J)$$

練習題

D7.4 圖 D7.3 中，若（1）$i_1 = 2 \cos 4t$，$i_2 = 0$，及（2）$i_1 = 2 \cos 4t$，$i_2 = 4 \cos 4t$，求 $t = 0$ 時之總能量。

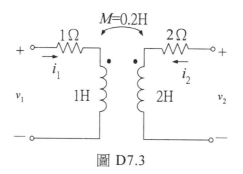

圖 D7.3

【答】（1）$w = 2 \quad (J)$，（2）$w = 19.6 \quad (J)$

7.5 線性變壓器

當兩個或兩個以上的磁耦合線圈繞在同一鐵心上時，此種裝置稱為變壓器（transformer）。變壓器一般均有磁飽和現象，即電流與磁通量呈現非線性關係，如圖 4.2 所示。本節中所考慮的線性變壓器則假設因磁性物質所產生的磁通量與電流的關係為線性的（譬如將線圈繞在塑膠管上），此種變壓器不易飽和，一般均使用於射頻（radio frequency）電

路或較高頻率用途上。在下一節中所討論的理想變壓器為實際變壓器之一理想化的單位耦合模型（unity-coupled model），此種變壓器的鐵心一般以鐵合金磁性材料製成。

7.5.1 反射阻抗

圖 7.14（a）為線性變壓器的等效模型，為方便說明，將之轉化為頻域電路，如圖 7.14（b）所示。利用網目電流法於一、二次側迴路可獲得如下方程式：

$$(R_1 + j\omega L_1)I_1 + j\omega M I_2 = V_s \qquad (7\text{-}23)$$

$$j\omega M I_1 + (R_2 + j\omega L_2)I_2 + Z_L I_2 = 0 \qquad (7\text{-}24)$$

或

$$\begin{bmatrix} R_1 + j\omega L_1 & j\omega M \\ j\omega M & R_2 + j\omega L_2 + Z_L \end{bmatrix} \begin{bmatrix} I_1 \\ I_2 \end{bmatrix} = \begin{bmatrix} V_s \\ 0 \end{bmatrix} \qquad (7\text{-}25)$$

令 $\qquad Z_{11} = R_1 + j\omega L_1 \,,\; Z_{22} = R_2 + j\omega L_2$

且 $\qquad Z_{12} = Z_{21} = j\omega M$

其中 R_1 與 R_2 設為變壓器內阻。因此，（7-25）式可表示為：

$$\begin{bmatrix} Z_{11} & Z_{12} \\ Z_{21} & Z_{22} + Z_L \end{bmatrix} \begin{bmatrix} I_1 \\ I_2 \end{bmatrix} = \begin{bmatrix} V_s \\ 0 \end{bmatrix} \qquad (7\text{-}26)$$

即 $\qquad Z_{11}I_1 + Z_{12}I_2 = V_s \qquad (7\text{-}27)$

$$Z_{21}I_1 + (Z_{22} + Z_L)I_2 = 0 \qquad (7\text{-}28)$$

因此，

$$I_1 = \frac{\begin{vmatrix} V_s & Z_{12} \\ 0 & Z_{22} + Z_L \end{vmatrix}}{\begin{vmatrix} Z_{11} & Z_{12} \\ Z_{21} & Z_{22} + Z_L \end{vmatrix}} = \frac{(Z_{22} + Z_L)V_s}{Z_{11}(Z_{22} + Z_L) - Z_{21}Z_{12}}$$

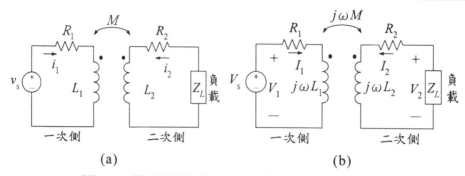

圖 7.14 變壓器模型（a）時域模型（b）頻域模型

輸入阻抗為：

$$Z_{in} = \frac{V_s}{I_1} = \frac{Z_{11}(Z_{22} + Z_L) - Z_{12}Z_{21}}{Z_{22} + Z_L}$$

$$= Z_{11} - \frac{Z_{12}Z_{21}}{Z_{22} + Z_L}$$

$$= Z_{11} + Z_r \qquad\qquad (7\text{-}29)$$

上式中，Z_{11} 為變壓器一次側阻抗，$Z_r\left(= -Z_{12}Z_{21}/(Z_{22} + Z_L)\right)$ 為變壓器二次側等效到一次側的阻抗，此阻抗又稱反射阻抗（reflected impedance），若以頻率表示，且令 $Z_L = R_L + jX_L$，則

$$Z_r = -\frac{(j\omega M)(j\omega M)}{(R_2 + j\omega L_2) + (R_L + jX_L)}$$

$$= \frac{\omega^2 M^2}{(R_2 + R_L) + j(\omega L_2 + X_L)}$$

$$= \frac{\omega^2 M^2}{(R_2 + R_2)^2 + (\omega L_2 + X_L)^2}[(R_2 + R_L) - j(\omega L_2 + X_L)] \quad (7\text{-}30)$$

上式中，（1）若負載為電容性或電感性，且 X_L 小於 ωL_2，則反射阻抗為電容性；（2）若負載為電容性，且 X_L 大於 ωL_2，則反射阻抗為電感性；（3）若負載為電容性，且 X_L 等於 ωL_2，則反射阻抗為電阻性，即

反射電抗爲零,此時電路形成共振,其共振頻率爲 $\omega_0 = \dfrac{1}{\sqrt{L_2 C}}$ 。

7.5.2 電壓比

再次以圖 7.14 (b) 爲例,其中

$$V_1 = (R_1 + j\omega L_1)I_1 + j\omega M I_2 \tag{7-31}$$

$$V_2 = j\omega M I_1 + (R_2 + j\omega L_2)I_2$$

$$= -Z_L I_2 \tag{7-32}$$

由(7-32)式知

$$I_2 = \frac{-j\omega M}{R_2 + j\omega L_2 + Z_L} I_1$$

代入(7-31)式得

$$V_1 = \left(R_1 + j\omega L_1 + j\omega M \frac{-j\omega M}{R_2 + j\omega L_2 + Z_L} \right) I_1$$

$$= \left(R_1 + j\omega L_1 + \frac{\omega^2 M^2}{R_2 + j\omega L_2 + Z_L} \right) I_1$$

$$= \frac{(R_1 + j\omega L_1)(R_2 + j\omega L_2 + Z_L) + \omega^2 M^2}{R_2 + j\omega L_2 + Z_L} I_1$$

又電壓比爲

$$\frac{V_2}{V_1} = \frac{-Z_L I_2}{V_1} = -Z_L \frac{I_2}{I_1} \frac{I_1}{V_1}$$

$$= -Z_L \frac{-j\omega M}{R_2 + j\omega L_2 + Z_L} \frac{R_2 + j\omega L_2 + Z_L}{(R_1 + j\omega L_1)(R_2 + j\omega L_2 + Z_L) + \omega^2 M^2}$$

$$= \frac{j\omega M Z_L}{(R_1 + j\omega L_1)(R_2 + j\omega L_2 + Z_L) + \omega^2 M^2}$$

$$= \frac{Z_{12} Z_L}{Z_{11}(Z_{22} + Z_L) - Z_{12}^2} \tag{7-33}$$

上式中，若變壓器內阻為零（即 $R_1 = R_2 = 0$），且 $k = 1$（即 $M = \sqrt{L_1 L_2}$），則

$$\frac{V_2}{V_1} = \frac{j\omega\sqrt{L_1 L_2}\,Z_L}{j\omega L_1\left(j\omega L_2 + Z_L\right) + \omega^2 L_1 L_2}$$

$$= \frac{j\omega\sqrt{L_1 L_2}\,Z_L}{j\omega L_1 Z_L} = \sqrt{\frac{L_2}{L_1}}$$ （7-34）

在下一節中，將說明（7-34）式為一理想變壓器的形式。

例題 **7.8** ═══════════════════════════

圖 7.15 中，求（1）輸入阻抗，（2）壓比 $\left(V_2/V_1\right)$。

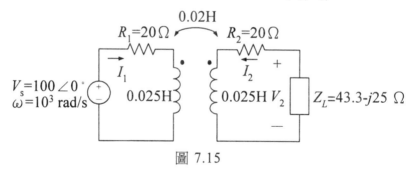

圖 7.15

【解】（1）輸入阻抗

$$Z_{in} = Z_{11} + Z_r = Z_{11} - \frac{Z_{12} + Z_{21}}{Z_{22} + Z_L}$$

其中

$$Z_{11} = R_1 + j\omega L_1 = 20 + j1000 \times 0.025$$
$$= 20 + j25 \ (\Omega)$$

$$Z_{12} = Z_{21} = j\omega M = j1000 \times 0.02 = j20 \ (\Omega)$$

$$Z_{22} = R_2 + j\omega L_2 = 20 + j1000 \times 0.025$$
$$= 20 + j25 \quad (\Omega)$$

因此,

$$Z_{in} = 20 + j25 - \frac{(j20)(j20)}{20 + j25 + 43.3 - j25}$$

$$= 20 + j25 - \frac{-400}{63.3}$$

$$= 26.32 + j25 \quad (\Omega)$$

(2) 由(7-33)式得

$$\frac{V_2}{V_1} = \frac{V_2}{V_S} = \frac{Z_{12}Z_L}{Z_{11}(Z_{22} + Z_L) - Z_{12}^{\;2}}$$

$$= \frac{j20(43.3 - j25)}{(20 + j25)(20 + j25 + 43.3 - j25) - (j20)^2}$$

$$= \frac{500 + j866}{1266 + j1582.5} = \frac{999.98\angle 60°}{2026.60\angle 51.34°}$$

$$= 0.4934\angle 8.66°$$

練習題

D7.5 圖 D7.4 中,若變壓器內阻為零,求電壓比 V_2/V_S。

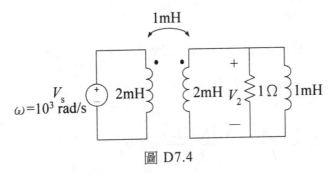

圖 D7.4

【答】 $V_2/V_S = 0.1715\angle -30.96°$

7.6 理想變壓器

理想變壓器是一種無損失的全耦合裝置，其所產生的磁通幾乎與線圈的所有匝數交鏈，因此，無漏磁通存在。理想變壓器的模型必須符合下列條件：

(1) 繞組的內阻為零，即無銅損失。

(2) 沒有漏磁通，即繞組間為全耦合，其耦合係數 $k = 1$。

(3) 鐵心的導磁係數無限大，或各個線圈的自感無限大（即 $L_1 = L_2 = \infty$），但二者的比值須為有限值。

事實上，一個構造良好的鐵心變壓器非常接近理想變壓器的模型。故含有鐵心的變壓器，其電路的近似分析可利用理想變壓器模型達成。

7.6.1 電壓比

考慮圖 7.16 之理想變壓器的等效模型，假設匝數比為

$$\frac{N_1}{N_2} = a \qquad\qquad (7\text{-}35)$$

由於無漏磁通，及一次側磁通全部與二次側線圈耦合，故

$$\phi_1 = \phi_{11} + \phi_{12}$$
$$= \phi_2$$

又因 $\phi \propto NI$，即 $\phi_1 = KN_1I_1$，$\phi_2 = KN_2I_2$，K 為一常數，故

$$L_1 = \frac{N_1\phi_1}{I_1} = \frac{N_1\left(KN_1I_1\right)}{I_1} = KN_1{}^2$$

及

$$L_2 = \frac{N_2\phi_2}{I_2} = \frac{N_2\left(KN_2I_2\right)}{I_2} = KN_2{}^2$$

由上述結果並結合（7-34）式可得其電壓比為：

$$\frac{V_1}{V_2} = \sqrt{\frac{L_1}{L_2}} = \sqrt{\frac{KN_1^2}{KN_2^2}}$$

$$= \frac{N_1}{N_2} = a \qquad\qquad (7\text{-}36)$$

即電壓比等於匝數比。

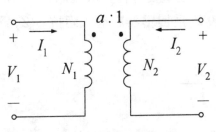

圖 7.16 理想變壓器模型

7.6.2 電流比

由（7-32）式知

$$\frac{I_1}{I_2} = \frac{R_2 + j\omega L_2 + Z_L}{-j\omega M} \qquad\qquad (7\text{-}37)$$

在一理想變壓器中，$R_2 = 0$，$M = \sqrt{L_1 L_2}$，且 L_1 與 L_2 均趨於無限大，故

$$\frac{I_1}{I_2} = \lim_{L_1, L_2 \to \infty} \frac{j\omega L_2 + Z_L}{-j\omega\sqrt{L_1 L_2}}$$

$$= \lim_{L_1, L_2 \to \infty} \frac{j\omega + Z_L/L_2}{-j\omega\sqrt{\dfrac{L_1}{L_2}}}$$

$$= \frac{j\omega}{-j\omega a} = -\frac{1}{a} \qquad\qquad (7\text{-}38)$$

上式中，若電流流向負載端，則

$$\frac{I_1}{I_2} = \frac{1}{a} \qquad\qquad (7\text{-}39)$$

7.6.3 阻抗比

理想變壓器之另一項重要特性為改變阻抗大小的能力，或改變阻抗準位之能力。今假設 Z_1 為變壓器之輸入阻抗，Z_2 為二次側之總負載阻抗，則

$$Z_1 = \frac{V_1}{I_1} = \frac{aV_2}{\frac{1}{a}I_2}$$

$$= a^2 \frac{V_2}{I_2}$$

$$= a^2 Z_2 \qquad\qquad (7\text{-}40)$$

上式說明 Z_1 為 Z_2 在一次側之反射阻抗。由此可知使用變壓器可使任一側之阻抗轉換至另一側，因此變壓器可用於阻抗匹配。

7.6.4 最大功率傳輸

圖 7.16 之理想變壓器的等效模型中，Z_1 為變壓器之輸入阻抗，Z_2 為二次側之總負載阻抗，根據（7-36）至（7-40）式，吾人可將圖 7.16 之模型化為二次側之等效模型，如圖 7.17 所示。由圖 7.17 可知

$$I_2 = \frac{\dfrac{V_1}{a}}{Z_2 + \dfrac{Z_1}{a^2}} = \frac{aV_1}{Z_1 + a^2 Z_2}$$

則負載功率為

$$P_L = I_2^2 Z_2 = \left(\frac{aV_1}{Z_1 + a^2 Z_2} \right)^2 Z_2$$

$$= \frac{a^2 V_1^2 Z_2}{\left(Z_1 + a^2 Z_2 \right)^2}$$

今欲使負載功率最大,則 a 值為何?

令 $$\frac{\alpha P_L}{\alpha a} = 0$$

則 $$\frac{2aV_1^2 Z_2 \left(Z_1 + a^2 Z_2 \right)^2 - 2a^2 V_1^2 Z_2 \left(Z_1 + a^2 Z_2 \right) \times 2aZ_2}{\left(Z_1 + a^2 Z_2 \right)^4} = 0$$

由上式得

$$Z_1 + a^2 Z_2 = 2a^2 Z_2$$

即 $$Z_1 = a^2 Z_2 \qquad\qquad (7\text{-}41)$$

上式結果與(7-40)式相同,即當 $Z_1/Z_2 = a^2$ 時,理想變壓器可獲得最大的功率傳輸。

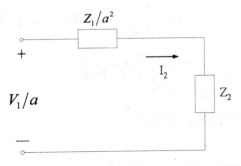

圖 7.17　圖 7.16 之二次側等效模型

例題 **7.9**

圖 7.18 為一理想變壓器電路,(1) 求負載消耗的平均功率,(2) 欲使傳送至負載的平均功率最大,求匝數比,(3) 傳送至負載之

最大功率值。

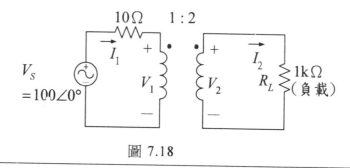

圖 7.18

【解】（1）根據（7-40）式，可將1kΩ的電阻反射至一次側，如下圖所示：

$$V_s = 100\angle 0° \qquad I_1 \qquad 10\,\Omega \qquad + \atop V_1 \atop - \qquad R'_L$$

其中 $R_L' = a^2 R_L = \left(\dfrac{1}{2}\right)^2 \times 1000 = 250 \ (\Omega)$

$I_1 = \dfrac{100\angle 0°}{10 + 250} = \dfrac{5}{13} \ (A)$

負載平均消耗功率爲

$$P_L = I_1^2 R_L' = \left(\dfrac{5}{13}\right)^2 \times 250$$

$$= 36.98 \ (W)$$

另外，吾人亦可將一次側的電源 V_S 及電阻 R_1 轉換至二次側

以求得負載功率，如下圖所示：

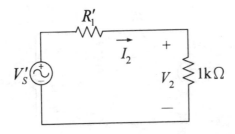

其中

$$V_S{}' = \frac{V_S}{a} = \frac{100\angle 0°}{\dfrac{1}{2}} = 200\angle 0° \quad \text{(V)}$$

$$R_1{}' = \frac{R_1}{a^2} = \frac{10}{\left(\dfrac{1}{2}\right)^2} = 40 \quad (\Omega)$$

因此，

$$I_2 = \frac{200\angle 0°}{40 + 1000} = \frac{5}{26} \quad \text{(A)}$$

$$\begin{aligned}
P_L &= I_2{}^2 R_L = \left(\frac{5}{26}\right)^2 \times 1000 \\
&= 36.98 \quad \text{(W)}
\end{aligned}$$

其結果與轉換至一次側相同。

（2）由（7-41）式，欲使傳輸至負載的功率為最大，其匝數比為

$$a = \sqrt{\frac{Z_1}{Z_2}} = \sqrt{\frac{R_1}{R_2}} = \sqrt{\frac{10}{1000}} = \frac{1}{10}$$

（3）在匝數比 $a = \dfrac{1}{10}$ 情況下，等效至變壓器二側的模型如下所示：

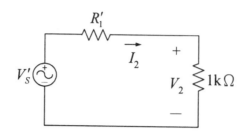

其中　　$V_S' = \dfrac{V_S}{a} = \dfrac{100\angle 0°}{\dfrac{1}{10}} = 1000\angle 0°$ （V）

$$R_1' = \frac{R_1}{a^2} = \frac{10}{\left(\dfrac{1}{10}\right)^2} = 1 \text{ (k}\Omega)$$

則　　$I_2 = \dfrac{1000\angle 0°}{1000+1000} = \dfrac{1}{2}$ (A)

所獲得的最大功率為

$$P_{L,\,max} = I_2^{\,2}R_L = \left(\frac{1}{2}\right)^2 \times 1000$$
$$= 250 \text{ (W)}$$

練習題

D7.6 圖 D7.5 中，（1）匝數比為多少時才能使傳輸至 10Ω 電阻器上的平均功率為最大？（2）求此最大傳輸功率值。

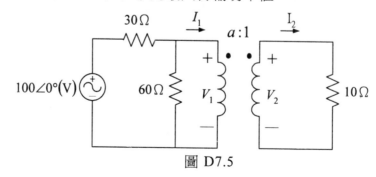

圖 D7.5

【答】（1）$\sqrt{2}$，（2）55.56（W）

7.7 變壓器之等效模型

為便於電路分析，有時亦可將未相互連接之變壓器兩側化為有相互連接之等效模型，如 T 型等效模型與 π 型等效模型，茲分述如下。

7.7.1 T型等效模型

考慮圖 7.19（a）之電路，根據一、二次側迴路可列出其方程式如下：

$$V_1 = L_1 \frac{di_1}{dt} + M \frac{di_2}{dt} \tag{7-42}$$

$$V_2 = M \frac{di_1}{dt} + L_2 \frac{di_2}{dt} \tag{7-43}$$

上二式可修改如下：

$$V_1 = L_1 \frac{di_1}{dt} - M \frac{di_1}{dt} + M \frac{di_1}{dt} + M \frac{di_2}{dt}$$

$$= (L_1 - M) \frac{di_1}{dt} + M \left(\frac{di_1}{dt} + \frac{di_2}{dt} \right) \tag{7-44}$$

$$V_2 = M \frac{di_1}{dt} + M \frac{di_2}{dt} - M \frac{di_2}{dt} + L_2 \frac{di_2}{dt}$$

$$= M \left(\frac{di_1}{dt} + \frac{di_2}{dt} \right) + (L_2 - M) \frac{di_2}{dt} \tag{7-45}$$

根據上二式，可畫出 T 型等效模型，如圖 7.19（b）所示。需留意的是，在圖 7.19（b）中，若變壓器為加極性，則須將 M 改為 $-M$。

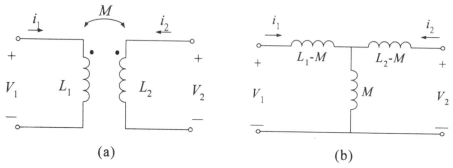

圖 7.19（a）變壓器模型，（b）T 型等效模型

7.7.2 π 型等效模型

根據（7-42）及（7-43）式可得

$$\frac{di_1}{dt} = \frac{\begin{vmatrix} V_1 & M \\ V_2 & L_2 \end{vmatrix}}{\begin{vmatrix} L_1 & M \\ M & L_2 \end{vmatrix}} = \frac{L_2}{L_1 L_2 - M^2} V_1 - \frac{M}{L_1 L_2 - M^2} V_2$$

及

$$\frac{di_2}{dt} = \frac{\begin{vmatrix} L_1 & V_1 \\ M & V_2 \end{vmatrix}}{\begin{vmatrix} L_1 & M \\ M & L_2 \end{vmatrix}} = \frac{-M}{L_1 L_2 - M^2} V_1 + \frac{L_1}{L_1 L_2 - M^2} V_2$$

將上二式積分，並令電感初值為零，則

$$i_1 = \frac{L_2}{L_1 L_2 - M^2} \int V_1 dt - \frac{M}{L_1 L_2 - M^2} \int V_2 dt$$

$$= \frac{L_2}{L_1 L_2 - M^2} \int V_1 dt - \frac{M}{L_1 L_2 - M^2} \int V_1 dt$$

$$+ \frac{M}{L_1 L_2 - M^2} \int V_1 dt - \frac{M}{L_1 L_2 - M^2} \int V_2 dt$$

$$= \frac{L_2 - M}{L_1 L_2 - M^2} \int V_1 dt + \frac{M}{L_1 L_2 - M^2} \int (V_1 - V_2) dt$$

$$= \frac{1}{L_{11}} \int V_1 dt + \frac{1}{LM} \int (V_1 - V_2) dt \qquad （7\text{-}46）$$

同理可得

$$i_2 = \frac{1}{L_{22}} \int V_2 dt + \frac{1}{LM} \int (V_2 - V_1) dt \qquad （7\text{-}47）$$

其中

$$\frac{1}{L_{11}} = \frac{L_2 - M}{L_1 L_2 - M^2}$$

$$\frac{1}{L_{22}} = \frac{L_1 - M}{L_1 L_2 - M^2}$$

$$\frac{1}{L_M} = \frac{M}{L_1 L_2 - M^2}$$

由（7-46）及（7-47）式可畫出 π 型等效模型，如圖 7.20 所示。

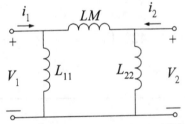

圖 7.20　圖 7.19（a）之 π 型等效模型

例題 **7.10**

試利用 T 型等效模型重做例題 7.1。

【解】將例題 7.1 之電路（圖 7.3）化為 T 型等效模型，如下所示：

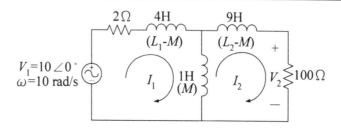

列出網目方程式，即

$$\begin{cases} (2 + j50)I_1 - j10I_2 = 10\angle 0° \\ -j10I_1 + (100 + j100)I_2 = 0 \end{cases}$$

得

$$I_2 = \frac{\begin{vmatrix} 2 + j50 & 10 \\ -j10 & 0 \end{vmatrix}}{\begin{vmatrix} 2 + j50 & -j10 \\ -j10 & 100 + j100 \end{vmatrix}} = \frac{j100}{-4700 + j5200}$$

$$= 0.0143\angle - 42° \text{ (A)}$$

$$V_2 = 100I_2 = 1.43\angle - 42° \text{ (V)}$$

練習題

D7.7　將圖 D7.6 之電路化為（1）T 型等效模型，（2）π 型等效模型。

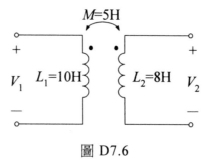

圖 D7.6

【答】（1）T 型等效模型

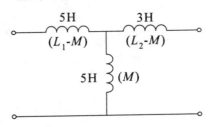

（2）π 型等效模型

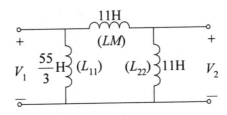

7.8 結論

　　本章中已完整介紹耦合元件及其相關電路。若任意兩個（或以上）的線圈繞在同一磁路（可能為鐵心或空氣，或兩個都有）上，則會產生互磁通，此互磁通產生互感量，並造成變壓器間的耦合現象，其中互感的極性取決於線圈間的連接方式及線圈本身的繞線方法。

　　耦合元件串聯之等效電感值在本章中已說明其計算方法，其中並聯之等效電感值的計算由於牽涉到反矩陣運算，因此較為繁複，讀者可輔以計算機以減輕計算上的負荷。

　　線性變壓器係以空氣為磁路，因此不會產生飽和現象，此類變壓器大都應用於射頻電路或較高頻電路上。此外，一構造良好的變壓器，則可以一理想變壓器之等效模型予以近似。章末所介紹之變壓器的 T 型與 π 型等效模型則為提供變壓器之另一種電路分析方法。

　　綜合言之，熟悉本章各節內容，將有助於電機或相關領域工程師對電路設計與應用的進一步認識。在下一章中，將分析探討電路之圖脈分

析理論，以爲狀態方程式之分析奠定基礎。

第八章 圖脈理論分析

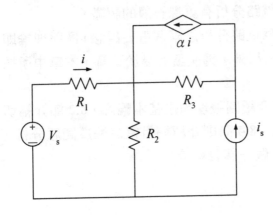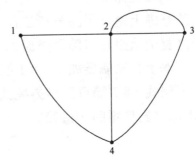

　　第三章已完整介紹網路之基本定理，以使讀者對於一些電路的求解方法與技巧能充分瞭解。本章之重點則在於提供另外一種基本電路的求解方法，即圖脈理論分析方法，該方法以較傳統方法（第三章）更有系統的方法求解，以使讀者對於電路分析有更深一層的認識。

　　歐姆定律與克希荷夫定律爲電路分析之兩個重要觀念，圖脈理論即在此基礎上進行電路分析工作。另外，爲使讀者易於了解，本章中所採用之實例電路亦以簡單爲原則。

　　本章各節摘要如下：8.1 節介紹圖脈理論之基本觀念，8.2 節介紹切集方程式，8.3 節爲迴路方程式，8.4 節則介紹網目電流法於圖脈分析，8.5 節爲對偶電路，最後對本章做一摘要結論。

8.1　基本觀念

　　本章所稱之「圖脈」即數學上之「拓樸（topology）」圖形。爲說明此觀念，以圖 8.1 爲例，在圖 8.1（a）的電路中具有 4 個節點（node）、6 條分支（branch）。今若將每一條分支各以一線段表示，則形成此電路之圖脈，如圖 8.1（b）所示。此圖脈用於表示電路之節點與分支之互聯狀況，形成電路之拓樸圖形。

　　數學上之幾何拓樸圖通常具有伸縮性，諸如伸張、扭曲、擠壓及彎曲等，均不會影響原圖之特性，而電路之圖形亦具有上述之幾何拓樸特性。例如，吾人可將圖 8.1（b）之圖脈加以伸縮、扭曲及擠壓等，其結果如圖 8.2 所示。由幾何拓樸特性可知，圖 8.2 之圖形，由於均未改變原圖之節點、分支的互聯關係，因此均等效於圖 8.1（b）之圖脈。

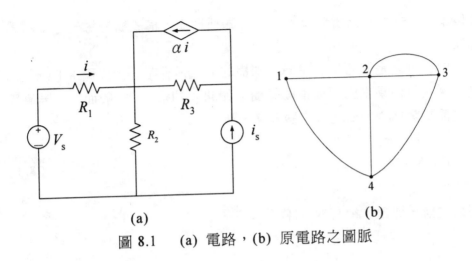

(a)

(b)

圖 8.1　(a) 電路，(b) 原電路之圖脈

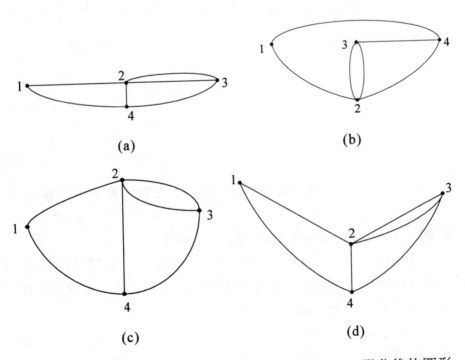

(a)

(b)

(c)

(d)

圖 8.2　圖 8.1(b) 經(a)擠壓、(b)扭曲、(c)伸張及(d)彎曲後的圖形。

　　爲探討電路之圖脈理論，首先須對一些名詞加以定義。

1. 樹（tree）

　　以線段表示的圖脈中，連接每一節點，且不構成封閉路徑或迴路

（loop）之所有分支所形成的集合，即稱爲樹，構成樹的每一分支稱爲樹支。

由上述之定義可知，建構一棵樹的方式並非唯一。以圖 8.1（b）爲例，吾人可輕易畫出兩種不同的樹，如圖 8.3 所示。一般而言，若圖脈中之節點數爲 N，樹之分支數爲 T，則

$$T = N - 1 \qquad\qquad (8\text{-}1)$$

即欲建構一棵樹，須有 $N - 1$ 條分支。

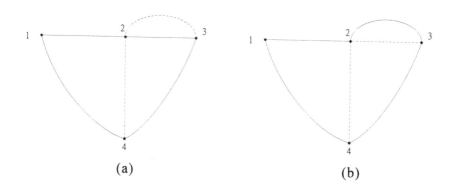

圖 8.3 （a）與（b）圖均爲圖 8.1（b）之樹（實線表示者）

2. 餘樹（complementary tree 或 cotree）

未構成樹的分支稱爲鏈支（links，或 chords），由這些鏈支所形成的集合稱爲餘樹，如圖 8.3 中由虛線部份所形成的集合。若 B 代表所有分支數目，L 爲所有鏈支數目，則

$$L = B - T$$
$$ = B - N + 1 \qquad\qquad (8\text{-}2)$$

3. 切集（cutset）

一切集是由一組「最少分支」所形成的集合，當把這組分支切掉後，

會使原圖脈分割爲兩個分離的節點群，如圖 8.4（b）所示。該圖中選擇分支 c、b，及 f 爲切集，並將原圖脈分爲 1、2、4 及 3。然而，另外一切集 c、b、f 及 e 並非一有效的切集（如圖 8.4(c)），因其包含切集 c、b，及 f，並不是「最少分支所形成的集合」。

值得一提的是，一電路中因構成樹的方式有甚多種選擇，因此一電路的切集並非唯一。

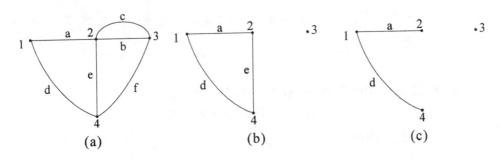

圖 8.4　　(a)原圖脈，(b)選擇 c、b、及 f 爲切集，(c)選擇 c、b、f、及 e 爲切集

4. 基本迴路（fundamental loop）

一迴路中僅包含一條鏈支者稱基本迴路。考慮圖 8.5 之圖脈，若選擇分支 d、e、及 f 構成一樹，如圖 8.5（b）所示，則三個基本迴路爲 a、d、e；b、e、f；及 c、e、f，其中分支 a、b、及 c 分別爲上述三個基本迴路的鏈支。因一電路中構成樹的分支集合並非唯一，故構成基本迴路的分支集合亦存在甚多種情況。圖 8.5（c）顯示選擇另一種樹的建構方式，其基本迴路分別爲 a、d、e；a、d、f、b；及 a、d、f、c。

由上述說明可知，每一條鏈支均可能構成一基本迴路。一電路中，若存在 L 條鏈支，則其基本迴路的數目最多 L 個，其公式如（8.2）式所示。

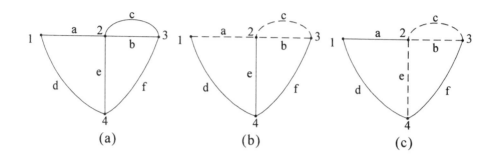

圖 8.5　(a) 原圖脈，(b) 選擇 d、e 及 f 構成一棵樹，(c) 選擇 a、d 及 f 構成一棵樹

5. 基本切集（fundamental cutset）

　　一電路中僅包含一樹分支的切集稱基本切集。
有關基本切集的建構順序如下：

（1）　建構一棵樹，並選定某一樹分支；
（2）　以此選定的樹分支爲基準，並加上其餘鏈支，則形成一基本切集；
（3）　選定另一樹分支，並加上其餘鏈支，則形成另一個基本切集；故電路之基本切集數目，最高爲 $T(=N-1)$ 個。

　　以圖 8.6（a）爲例，假定所選擇的樹如 8.6（b）圖所示，該圖中若以樹分支 a 爲基準，則 a、e、b、c 形成一基本切集；若選擇以樹分支 d 爲基準，則基本切集爲 d、e、b、c；另一基本切集爲以樹分支 f 爲基準之 f、b、c。

　　本節中已概略介紹一圖脈中有關樹、樹支、鏈支、迴路、切集、基本迴路及基本切集之特性，在後續小節中將持續介紹這些圖脈具有的特性在實際電路的應用。

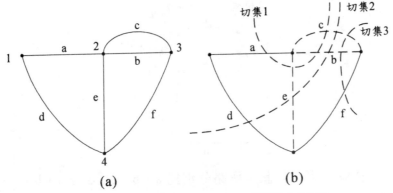

圖 8.6（a）原圖脈，（b）三個基本切集

例題 **8.1**
═══════════════════════════════════

考慮圖 8.7 之圖脈，（1）欲構成一棵樹，則須幾條分支及幾條鏈支？
（2）若選擇 a、b 及 c 構成一棵樹，列出相對應的基本迴路及（3）
基本切集。

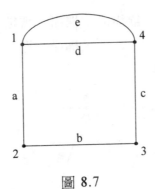

圖 8.7

【解】

（1）　$T = N - 1 = 4 - 1 = 3$條樹分支

　　　$L = B - N + 1 = 5 - 4 + 1 = 2$條鏈分支

（2）　若選擇 a、b 及 c 構成一棵樹，則原圖脈重畫如下：

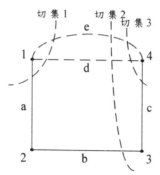

由圖中可知其基本迴路分別為 a、b、c、d 及 a、b、c、e

（3） 三個基本切集分別為

a、d、e（以樹分支 a 為基準）

b、d、e（以樹分支 b 為基準）

c、d、e（以樹分支 c 為基準）

練習題

D 8.1 圖 D8.1 中，（1）欲構成一棵樹，需幾條樹分支及幾條鏈支？
（2）若選擇 e、d、c、b，構成一樹，列出相對應的基本迴路
及（3）基本切集。

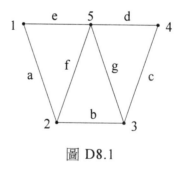

圖 D8.1

【答】（1）$T = 4$，$L = 3$；（2）a、e、d、c、b；f、d、c、b；及 g、d、
c；（3）a、e（以樹分支 e 為基準）；a、f、g、d（以樹分支 d 為
基準）；a、f、g、c、（以樹分支 c 為基準）；及 a、f、b（以樹分
支 b 為基準）

8.2 切集方程式

在 3.3 節中，吾人已清礎描述克希荷夫電流定律，本節中將從圖脈理論角度去探討克希荷夫電流定律的應用。

考慮圖 8.8 之電路，今欲以圖脈分析方法求得電流 i 值（電阻 R_4 上的電流），首先須選擇一棵合適的樹。因選擇樹的方法並非唯一，故可依循下列三項標準去選擇一棵樹：

（1） 將獨立或相依電壓源置於樹內；

（2） 將獨立或相依電流源置於餘樹內；

（3） 配合電阻元件形成一棵樹。

根據上述準則，則圖 8.8 電路中首先將 10V 的電壓源置於樹內，因建構一棵樹須 3 條分支（$T = N - 1 = 4 - 1 = 3$），故吾人可再任選兩條分支（不包含相依電流源）以建構一棵樹（須注意不可構成封閉迴路）。假定選擇 R_1 及 R_4 分支，則該電路之樹的形狀如圖 8.8（b）之實線所示。

圖 8.8（b）因具有三條樹分支（a、b 及 f），故可形成三個基本切集（即 b、c、d、e；a、c、d、e；及 f、d、e）。根據克希荷夫電流定律，此三個基本切集形成三個基本方程式，如下所示：

$$-i_b + i_c + i_d + i_e = 0 \tag{8-3}$$

$$-i_a + i_c + i_d + i_e = 0 \tag{8-4}$$

$$-i_d - i_e + i_f = 0 \tag{8-5}$$

因 $i_a = i_b$，故（8-3）式與（8-4）式相依，即事實上只存在一獨立式子。在實際問題中，因樹分支 a 為電壓源，故可視節點 1 與節點 4 為一超節點（supernode），切集 2（即（8-4）式）因而是多餘的。未來在形成基本切集方程式時，以電壓源為基準所形成的基本切集方程式即可忽略，以減少方程式數目及計算時間。

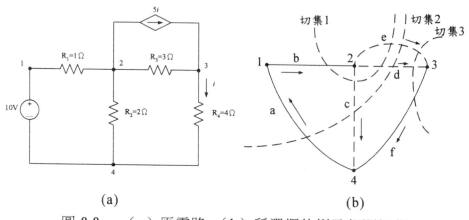

圖 8.8　（a）原電路，（b）所選擇的樹及相關切集

今將各元件的電壓及已知量代入（8-3）式及（8-5）式中，則

$$-\frac{10-v_2}{1}+\frac{v_2}{2}+\frac{v_2-v_3}{3}+5i=0 \tag{8-6}$$

$$-\frac{v_2-v_3}{3}-5i+\frac{v_3}{4}=0 \tag{8-7}$$

由於 $v_2=3(-4i)+4i=-8i$，及 $v_3=4i$，將 v_2 及 v_3 代入（8-6）式可得

$$i=-\frac{10}{11}\;(A)$$

當電流 i 的量求出後，各節點上的量（如電壓及功率等）均可輕易求出。若與第三章之網路定理比較，圖脈理論方法提供一較系統化的求解方式。

例題 8.2

圖 8.9 電路中，利用圖脈分析法求電流 i_1 之值。

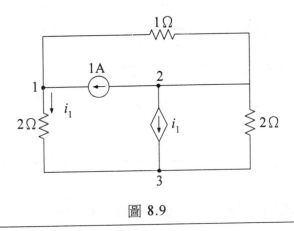

圖 8.9

【解】選擇一棵樹，如下所示：

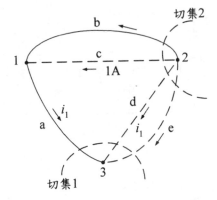

由於 $T = N - 1 = 3 - 1 = 2$，故存在兩個基本切集，即 a、d、e 及 b、c、d、e，其構成的基本切集方程式分別為

$$i_1 + i_1 + i_e = 0 \qquad\qquad ①$$

及　　$$i_b + 1 + i_1 + i_e = 0 \qquad\qquad ②$$

將電壓量及相關已知量代入上二式，得

$$2i_1 + \frac{v_2}{2} = 0 \qquad\qquad ③$$

及　　　$\dfrac{v_2 - 2i_1}{1} + 1 + i_1 + \dfrac{v_2}{2} = 0$　　　　　　　　　　④

解③④兩式得

$$i_1 = \frac{1}{7} \quad (A)$$

練習題

圖 D8.2 中，試利用圖脈分析法求電流 i_1 之值。

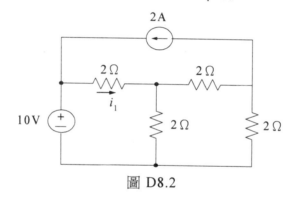

圖 D8.2

【答】$\dfrac{17}{5}$　(A)

8.3　迴路方程式

8.1 節中已詳細說明基本迴路的定義，本節中將介紹如何從基本迴路中，配合克希荷夫電壓定律建構迴路方程式，並進一步求解網路中各項參數值。

考慮圖 8.10（a）之電路，若欲求解3Ω上的電流值 i，首先選擇一棵樹，如圖 8.10（b）所示。其中 $T = N - 1 = 4 - 1 = 3$，$L = B - N + 1 = 7 - 4 + 1 = 4$，故存在 4 條基本迴路，其對應的基本迴路方程式如下所示：

$$-12+3(i_c+i_d+i_e)+18i_c=0 \qquad （迴路 a、b、c）$$
$$-12+3(i_c+i_d+i_e)+9i_d=0 \qquad （迴路 a、b、d）$$
$$-12+3(i_c+i_d+i_e)+2i_e+4(i_e+9)=0 \qquad （迴路 a、b、e、f）$$

及 $\quad i_g=9 \ \text{(A)}$ （迴路 a、b、e、g）

由於迴路 a、b、e、g 經過電流源 9A，因此其方程式可省略，實際上只存在上述三個方程式。經整理可得

$$21i_c+3i_d+3i_e=12$$
$$3i_c+12i_d+3i_e=12$$
$$3i_c+3i_d+9i_e=-24$$

因此，

$$i_c=\cfrac{\begin{vmatrix} 12 & 3 & 3 \\ 12 & 12 & 3 \\ -24 & 3 & 9 \end{vmatrix}}{\begin{vmatrix} 21 & 3 & 3 \\ 3 & 12 & 3 \\ 3 & 3 & 9 \end{vmatrix}}=\frac{1620}{1944}=0.8333 \quad \text{(A)}$$

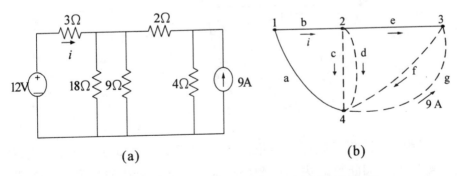

圖 8.10 （a）原電路，（b）所選擇的樹

$$i_d = \dfrac{\begin{vmatrix} 21 & 12 & 3 \\ 3 & 12 & 3 \\ 3 & -24 & 9 \end{vmatrix}}{1944} = \dfrac{3240}{1944} = 1.6667 \quad (A)$$

及 $\quad i_e = \dfrac{\begin{vmatrix} 21 & 3 & 12 \\ 3 & 12 & 12 \\ 3 & 3 & -24 \end{vmatrix}}{1944} = \dfrac{-6804}{1944} = -3.50 \quad (A)$

故得 $\quad i = i_c + i_d + i_e = 0.8333 + 1.6667 - 3.50$
$\qquad = -1 \quad (A)$

例題 8.3

試利用迴路方程式重做例題 8.2。

【解】假定所選擇的樹與例題 8.2 相同，如下所示：

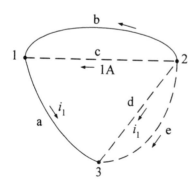

上圖中雖具有三個迴路方程式，但迴路 a、b、d 及 b、c 均通過電流源，因此可略去，只剩迴路 a、b、e 可產生一組獨立的方程式，即

$$2(-i_1) + 1(1 - i_1) + 2(-i_1 - i_1) = 0$$

解上式得

$$i_1 = \frac{1}{7} \quad (A)$$

由上述結果可知，針對相同電路而言，讀者可決定採用何種方法較
為簡捷。

練習題

圖 D 8.3 中，利用迴路方程式求 3Ω 上之電流 i 值。

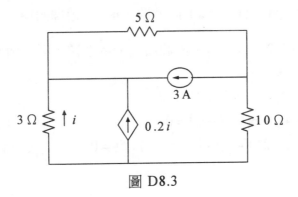

圖 D8.3

【答】$-\dfrac{5}{7}$ (A)

8.4 網目電流法

8.3 節所介紹之迴路方程式可適用於一平面或非平面電路。所謂平
面電路，即一網路映至平面後，不存在任兩支路相交於非節點上。由於
平面網路的設計成本較低廉，因此在積體電路的設計上有其重要性。

本節所介紹之網目電流法只適用於平面電路，就某些較複雜的平面
電路而言，使用網目電流法較迴路分析法更易求解。

以圖 8.11（a）為例，欲求 5Ω 上的電流值，吾人可先選擇一棵樹，
如圖 8.11（b）所示。因 $B=9$，$N=5$，$T=N-1=4$，$L=B-N+1=5$，

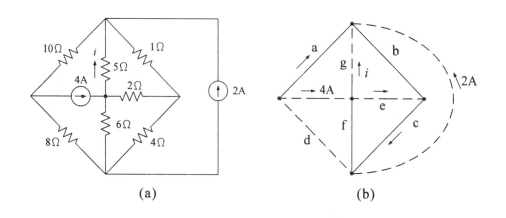

$$\text{(a)} \qquad\qquad\qquad \text{(b)}$$

圖 8.11　（a）原電路（b）所選擇的樹

若採用迴路方程式，略去兩電流源所構成的迴路，則三個基本迴路方程式如下：

$$10i_a + 1(i_a + i + 2) + 4i_c + 8i_d = 0 \qquad （迴路 a、b、c、d）$$
$$2i_e + 4i_c + 6(4 - i - i_e) = 0 \qquad\qquad （迴路 e、c、f）$$
$$及 \quad 1(i_a + i + 2) + 4i_c + 6(4 - i - i_e) + 5i = 0 \qquad （迴路 b、c、f、g）$$

經整理得

$$11i_a + 4i_c + 8i_d + i = -2$$
$$4i_c - 4i_e - 6i = -24$$
$$i_a + 4i_c - 6i_e = -26$$

欲從上列式子有系統地求解 i 值仍須使用一些技巧。

今若採用網目電流法，為方便說明，將圖 8.11（b）的樹重畫於圖 8.12 中。設沿迴路 k、b、c 流過 2A 電流，沿迴路 h、f、c、b、a 流過 4A 電流，沿迴路 a、b、c、d 流過 i_1 電流，沿迴路 b、c、f、g 流過 i_2 電流，沿迴路 e、c、f 流過 i_3 電流，則由迴路 i_1、i_2 及 i_3 可分別獲得下列三個基本網目電流方程式：

$$10(i_1 - 4) + 1(i_1 + i_2 + 2 - 4) + 4(i_1 + i_2 + i_3 + 2 - 4) + 8i_1 = 0$$
$$1(i_1 + i_2 + 2 - 4) + 4(i_1 + i_2 + i_3 + 2 - 4) + 6(i_2 + i_3 - 4) + 5i_2 = 0$$

$$2i_3 + 4(i_1 + i_2 + i_3 + 2 - 4) + 6(i_2 + i_3 - 4) = 0$$

經整理得

$$23i_1 + 5i_2 + 4i_3 = 50$$
$$5i_1 + 16i_2 + 10i_3 = 34$$
$$4i_1 + 10i_2 + 12i_3 = 32$$

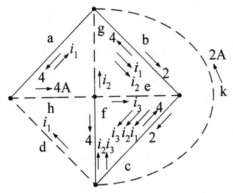

圖 8.12　圖 8.11（a）的樹

因此，流經 5Ω 上的電流 $i_2(=i)$ 為

$$i_2 = \frac{\begin{vmatrix} 23 & 50 & 4 \\ 5 & 34 & 10 \\ 4 & 32 & 12 \end{vmatrix}}{\begin{vmatrix} 23 & 5 & 4 \\ 5 & 16 & 10 \\ 4 & 10 & 12 \end{vmatrix}} = \frac{1120}{1960}$$

$$= 0.57 \quad (\text{A})$$

例題 **8.4**

試利用網目電流法重做例題 8.2

【解】假設選擇相同的樹，如下所示：

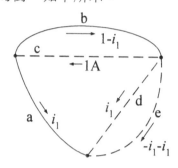

因具有三條鏈支，故存在三條迴路，但由於兩個電源迴路可略去，因而只剩下一組獨立方程式，此方程式由迴路 a、b、e 所構成。因各元件上的電流均已知，故不必再另外置一變數。由迴路 a、b、e 知：

$$2(-i_1) + 1(1-i_1) + 2(-i_1-i_1) = 0$$

得　　$i_1 = \dfrac{1}{7}$　(A)

練習題

D 8.4　　圖 D8.4 中，利用圖脈分析之網目電流法求解 i 值。

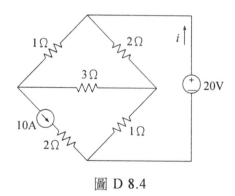

圖 D 8.4

【答】17.14　(A)

8.5 對偶電路（dual circuit）

　　8.4 節曾說明一平面電路對積體電路設計的重要性，而對偶電路則是平面電路的一重要特性；換言之，若圖脈 G 為一平面電路，則必存在一圖脈 G'，使 G' 與 G 成對偶關係。

　　在對偶電路中，各元件之間的轉換關係詳如表 8.1 所示。底下將列出建立一對偶電路之參考步驟。

(1)　在每一網目內各置一節點，在電路外（通常於最下面位置）置一參考節點，並各賦予編號。

(2)　連接每一節點，使節點間的線段穿過原電路某一元件。節點與節點間的元件則參考表 8.1 之對偶關係放置適當元件。

(3)　若原電路元件具有方向性，則將原電路之分支向右旋轉 90°。

(4)　連接由步驟（1）至（3）所構成的所有元件，即形成原電路之對偶電路。

表 8.1　　原電路元件與其相對應的對偶電路元件

	原電路元件	對偶電路元件
1	電壓源	電流源
2	電流源	電壓源
3	電壓（串聯分支）	電流（並聯分支）
4	電流（並聯分支）	電壓（串聯分支）
5	電阻	電導
6	電感	電容
7	電容	電感

　　為說明對偶電路的建立過程，以圖 8.13 為例，其迴路方程式由圖 8.13（b）可知（即 a、b、d 迴路）：

$$R_1i + R_2(i + \alpha i + i_s - \alpha i) - v_s = 0$$

即　　　$$R_1i + R_2(i + i_s) = v_s \qquad (8\text{-}8)$$

今欲建立其對偶網路，於原電路中之三個網目內各置一節點，網目外置一參考節點（如圖 8.14（a））。連接節點 1 與節點 2，並通過 R_2，使節點 1、2 間的元件為 G_2，接著連接節點 1 與節點 4，當穿過 R_1 元件時，以 G_1 元件替代；當穿過電壓源 v_s 時，則以電流源 i_s 替代，而 i_s 的流向則以 v_s 向右旋轉90°即可。

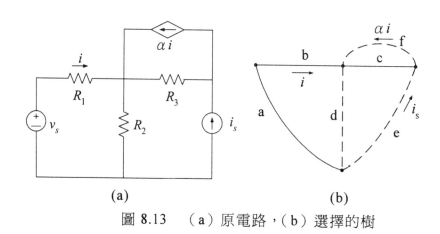

圖 8.13　（a）原電路，（b）選擇的樹

接著連接節點 2 與節點 4，並穿過電流源 i_s，此電流源 i_s 則以電壓源 v_s 替代，v_s 的極性則以 i_s 向右旋轉90°獲得。節點 2 與節點 3 間以元件 G_3 取代；最後，連接節點 3 與節點 4，並以電壓源 αv 取代電流源 αi，電壓源的極性同樣以電流源向右旋轉90°獲得。

圖 8.14（b）即為建構完成的對偶電路，應用節點分析法於節點 1，可得：

$$G_1v + G_2(v + v_s) = i_s \qquad (8\text{-}9)$$

比較（8-9）式與（8-8）式，吾人可充分了解，一平面電路之對偶電路，只要將原平面電路之方程式的變數置一相對應的對偶元件即可；換句話說，只要將（8-8）式解出，則（8-9）式即可求出。在下一章中

（9.5 節）將進一步探討具有儲能元件（如 R、L、C）電路之對偶電路的建構方式。

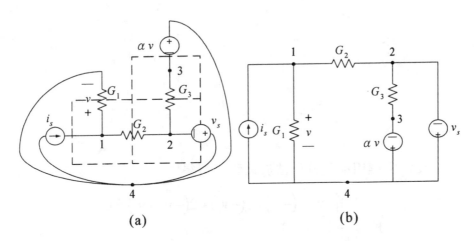

圖 8.14　（a）對偶電路之建立過程，（b）完成之對偶電路

例題 **8.5**

圖 8.15 為例題 8.2 之電路，（1）畫出對偶電路，（2）求 i_1 之對偶量 v_1 之值。

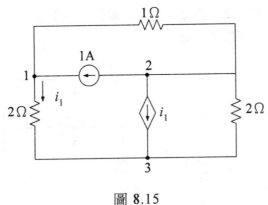

圖 8.15

【解】

（1）　對偶電路的建立過程及完成的對偶電路如下圖所示：

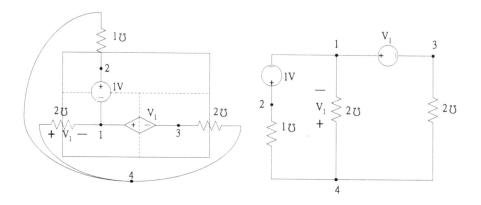

(2)　　應用節電分析法於節點 1 可得

$$1\left[-v_1-(-1)\right]+2\left(-v_1\right)+2\left(-v_1-v_1\right)=0$$

即　$-7v_1=-1$

得　$v_1=\dfrac{1}{7}$ (V)

由上述結果可知，v_1 與原電路之 $i_1\left(=\dfrac{1}{7}(A)\right)$ 對應。

練習題

D8.5　　圖 D8.5 為圖 D8.3 之電路，（1）畫出對偶電路，（2）試求 i 之對應 v 值。

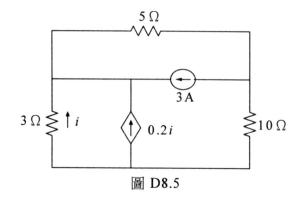

圖 D8.5

【答】

(1) 對偶電路

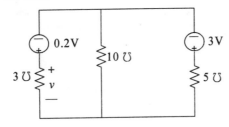

(2) $v = -\dfrac{5}{7}$ (V)

8.6 結論

　　本章中已完整介紹圖脈理論之相關知識與應用。在 8.1 節中針對樹、餘樹、基本切集及基本迴路等加以定義,並介紹樹的建構方法。8.2 節則介紹如何從含有獨立（或相依）電源的電路中建構一棵樹,並從一棵樹中,配合克希荷夫電流定律建立基本切集方程式,再從方程式中解聯立方程式以獲得各項參數解。8.3 節則介紹基本迴路方程式的建立與求解。針對一平面電路,8.4 節所介紹的網目電流法,則以較迴路分析法更有系統的方法求解網路中之各項參數值。最後一節所介紹的對偶電路,則是平面電路的一重要特性,在某些方面,它為電路之設計工程師減少不少設計時間。

　　在具備上述之基本觀念後,下一章中將介紹一含儲能元件電路之樹的建構方法及該電路之狀態變數的求解方法。

第九章　狀態方程式

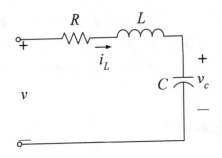

$$\begin{bmatrix} \dfrac{di_L}{dt} \\ \dfrac{dv_c}{dt} \end{bmatrix} = \begin{bmatrix} -\dfrac{R}{L} & -\dfrac{1}{L} \\ \dfrac{1}{C} & 0 \end{bmatrix} \begin{bmatrix} i_L \\ v_c \end{bmatrix} + \begin{bmatrix} \dfrac{1}{L} \\ 0 \end{bmatrix} [v]$$

9.1 狀態變數基本觀念

9.2 狀態方程式矩陣表示法

9.3 狀態方程式之建立

9.4 狀態方程式解法

9.5 含儲能元件之對偶電路

9.6 結論

第八章之圖脈理論分析爲本章之狀態方程式的基礎。在熟悉樹的建構方式後，本章將觀念擴及含儲能元件之網路，而狀態方程式的建立及解法則爲本章探討重點。含儲能元件電路之對偶電路的建立則爲另一項主題。

本章內容摘要如下：9.1 節介紹狀態變數的基本觀念；9.2 節爲狀態方程式之矩陣表示法；9.3 節爲狀態方程式的建立；9.4 節則介紹狀態方程式的求解方法；9.5 節爲含儲能元件之對偶電路；最後則爲結論。

9.1 狀態變數基本觀念

在第 1.3 節已對一系統之狀態變數進行描述，本節中將對狀態變數做更深一層的分析。今考慮一簡易的 RL 系統，如圖 9.1（a）所示，其中 V 爲輸入電壓，$i(t)$ 爲流經電阻與電感器的電流，根據 KVL 定律，則

$$L\frac{di(t)}{dt} + Ri(t) = V$$

解上式（參見 4.3.2 節）可得

$$i(t) = \frac{V}{R}\left(1 - e^{-\frac{R}{L}t}\right) \text{(A)} \,,\, t \geq 0$$

上式在 $t = 0$ 時，$i(0)=0$，稱爲電感器之初狀態電流；當 $t > 0$ 時，此 RL 電路之狀態由 $i(t)$ 所定義（譬如 $t = \frac{L}{R}$，$i(t) = 0.632\frac{V}{R}$，如圖 9.1（b）），因此 $i(t)$ 稱爲此電路之狀態變數。

根據上述分析，吾人可對狀態變數做更明確的定義：
「在網路分析中，一組變數向量 $x=[x_1, x_2, ...x_n]^T$ 記憶網路的過去歷史資料，當此組變數向量在某一時刻 $t = t_0$ 時的值，以及輸入函數爲已知時，則 $t > t_0$ 時網路的狀態及輸出即可完全決定，此組變數即稱爲狀態變數。」

在一具有儲能元件（如電感與電容）的電路中，流經電感器的電

流及電容兩端的電壓為此系統的狀態變數，故由儲能元件所形成的狀態方程式通常以一階微分方程式的方式呈現（因電感器兩端電壓為 $L\dfrac{di(t)}{dt}$，流經電容器的電流為 $C\dfrac{dv_c(t)}{dt}$），此可直接經由類比計算機擬成。

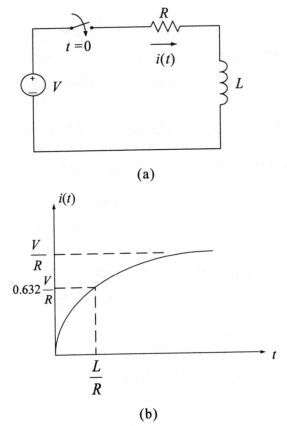

(a)

(b)

圖 9.1（a）簡易 *RL* 電路，（b）電流狀態曲線

9.2 狀態方程式矩陣表示法

上一節已說明狀態方程式為一組與狀態變數及輸入有關之一階微分方程式，本節中將探討其矩陣表示方式。

考慮一 *n* 階的動態系統，其 *n* 個狀態方程式可表示為：

$$\frac{dx_i(t)}{dt} = f_i\big[x_1(t),\ x_2(t),\ \dots,\ x_n(t),\ r_1(t),\ r_2(t),\ \dots,\ r_m(t)\big] \qquad （9\text{-}1）$$

其中 $x_i(t)$ 為第 i 個狀態變數，$r_j(t)$ 為第 j 個輸入變數，且 $i = 1, 2, \dots, n$，$j = 1, 2, \dots, m$。

此外，令 $c_1(t), c_2(t), \dots, c_p(t)$ 為系統之 p 個輸出變數。輸出變數代表系統與外界的聯繫，通常必須是可測量的，例如馬達的繞組電流、轉子轉速及位移量等均可視為輸出變數，磁通量則因無法測量，故不能視為輸出變數。

若將輸出變數表示為狀態變數 $x_i(t)$ 和輸入變數 $r_j(t)$ 的函數，則

$$c_k(t) = g_k[x_1(t),\ x_2(t),\ \dots,\ x_n(t),\ r_1(t),\ r_2(t),\ \dots,\ r_m(t)\ ] \qquad （9\text{-}2）$$

其中 $k = 1, 2, \dots, p$。在（9-1）及（9-2）式中，令 $x(t) = [x_1(t), x_2(t), \dots x_n(t)]^T$，$r(t) = [r_1(t), r_2(t), \dots r_m(t)]^T$，及 $c(t) = [c_1(t), c_2(t), \dots c_p(t)]^T$，$T$ 代表轉置（transpose），即 $x(t)$ 為一 $n \times 1$ 的狀態向量，$r(t)$ 為一 $m \times 1$ 的輸入向量，$c(t)$ 為一 $p \times 1$ 的輸出向量。整合（9-1）及（9-2）式，則對一線性非時變系統，其動態方程式可表示如下：

狀態方程式：$\dfrac{dx(t)}{dt} = Ax(t) + Br(t)$ \qquad （9-3）

輸出方程式：$c(t) = Dx(t) + Er(t)$ \qquad （9-4）

其中

$$A = \begin{bmatrix} a_{11} & a_{12} & \cdots & a_{1n} \\ a_{21} & a_{22} & \cdots & a_{2n} \\ \vdots & \vdots & & \vdots \\ a_{n1} & a_{n2} & \cdots & a_{nn} \end{bmatrix}$$

為一 $n \times n$ 的常係數矩陣，

$$B = \begin{bmatrix} b_{11} & b_{12} & \cdots & b_{1n} \\ b_{21} & b_{22} & \cdots & b_{2n} \\ \vdots & \vdots & & \vdots \\ b_{n1} & b_{n2} & \cdots & b_{nm} \end{bmatrix}$$

爲一 $n \times m$ 的常係數矩陣，

$$D = \begin{bmatrix} d_{11} & d_{12} & \cdots & d_{1n} \\ d_{21} & d_{22} & \cdots & d_{2n} \\ \vdots & \vdots & & \vdots \\ d_{p1} & d_{p2} & \cdots & d_{pn} \end{bmatrix}$$

爲一 $p \times n$ 常係數矩陣，及 E 爲一 $p \times m$ 常係數矩陣，如下所示：

$$E = \begin{bmatrix} e_{11} & e_{12} & \cdots & e_{1n} \\ e_{21} & e_{22} & \cdots & e_{2n} \\ \vdots & \vdots & & \vdots \\ e_{p1} & e_{p2} & \cdots & e_{pm} \end{bmatrix}$$

以下將舉例說明狀態方程式的矩陣表示方式。

例題 9.1

圖 9.2 爲一串聯 RLC 電路，寫出其狀態方程式的矩陣表示式。

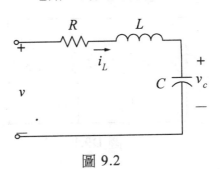

圖 9.2

【解】 此電路之狀態變數為 $i_L\,(=i_L(t))$ 及 $v_c\,(=v_c(t))$，應用 KVL 定律於該電路：

$$Ri_L + L\frac{di_L}{dt} + v_c = v$$

及流經電容器的電流為：

$$i_L = c\frac{dv_c}{dt}$$

整理上二式，則

$$\frac{di_L}{dt} = -\frac{R}{L}i_L - \frac{1}{L}v_c + \frac{1}{L}v$$

$$\frac{dv_c}{dt} = \frac{1}{C}i_L$$

寫成矩陣形式為

$$\begin{bmatrix} \dfrac{di_L}{dt} \\ \dfrac{dv_c}{dt} \end{bmatrix} = \begin{bmatrix} -\dfrac{R}{L} & -\dfrac{1}{L} \\ \dfrac{1}{C} & 0 \end{bmatrix} \begin{bmatrix} i_L \\ v_c \end{bmatrix} + \begin{bmatrix} \dfrac{1}{L} \\ 0 \end{bmatrix} \begin{bmatrix} v \end{bmatrix}$$

練習題

D9.1 圖 D9.1 為一並聯 *RLC* 電路，寫出狀態方程式之矩陣表示式。

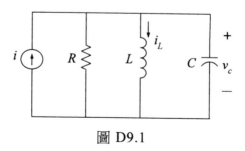

圖 D9.1

【答】

$$\begin{bmatrix} \dfrac{dv_c}{dt} \\[2mm] \dfrac{di_L}{dt} \end{bmatrix} = \begin{bmatrix} -\dfrac{1}{RC} & -\dfrac{1}{C} \\[2mm] \dfrac{1}{L} & 0 \end{bmatrix} \begin{bmatrix} v_c \\ i_L \end{bmatrix} + \begin{bmatrix} \dfrac{1}{C} \\ 0 \end{bmatrix} [i]$$

9.3 狀態方程式之建立

　　狀態方程式的建立通常可遵循下列兩種方式,即檢視法及圖脈分析法,以下將逐一說明兩種方法的應用。

9.3.1 檢視法

　　檢視法通常須配合克希荷夫電壓及電流定律建立狀態方程式,此方法適用於較簡單的網路架構。以圖 9.3 為例,若輸出為電容器兩端的電壓,則電感器兩端的電壓可表示為

$$L \frac{di_L}{dt} = v_c \tag{9-5}$$

通過 C 的電流為

$$C \frac{dv_c}{dt} = i - i_L$$

$$= \frac{v - v_c}{R} - i_L \tag{9-6}$$

整合上二式,得

$$\frac{di_L}{dt} = \frac{1}{L} v_c$$

$$\frac{dv_c}{dt} = -\frac{1}{RC} v_c - \frac{1}{C} i_L + \frac{1}{RC} v$$

即

$$\begin{bmatrix} \dfrac{di_L}{dt} \\ \dfrac{dv_c}{dt} \end{bmatrix} = \begin{bmatrix} 0 & \dfrac{1}{L} \\ -\dfrac{1}{C} & -\dfrac{1}{RC} \end{bmatrix} \begin{bmatrix} i_L \\ v_c \end{bmatrix} + \begin{bmatrix} 0 \\ \dfrac{1}{RC} \end{bmatrix} [v] \qquad (9\text{-}7)$$

又輸出 $c(=c(t))=v_c$ 亦為一狀態變數，故輸出方程式可表示為

$$c = \begin{bmatrix} 0 & 1 \end{bmatrix} \begin{bmatrix} i_L \\ v_c \end{bmatrix} + \begin{bmatrix} 0 \\ 0 \end{bmatrix} [v] \qquad (9\text{-}8)$$

由（9-7）及（9-8）式可知，此系統之各項常係數矩陣為

$$A = \begin{bmatrix} 0 & \dfrac{1}{L} \\ -\dfrac{1}{C} & -\dfrac{1}{RC} \end{bmatrix}$$

$$B = \begin{bmatrix} 0 \\ \dfrac{1}{RC} \end{bmatrix}$$

$$C = \begin{bmatrix} 0 & 1 \end{bmatrix}$$

及　　　$$D = \begin{bmatrix} 0 \\ 0 \end{bmatrix}$$

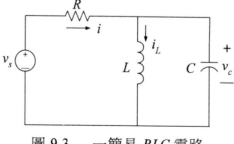

圖 9.3　一簡易 RLC 電路

9.3.2 圖脈分析法

第八章已詳細介紹圖脈分析理論，並說明「樹」的建構方式，本節即在此基礎上，介紹狀態方程式的建立方式。

應用圖脈分析方法建立網路之狀態方程式，通常可依循下列步驟：

(1) 選擇一棵樹，樹分支儘可能包含獨立（或相依）電壓源及電容器；鏈分支則儘可能包含獨立（或相依）電流源及電感器。

(2) 以樹分支電容器的電壓及鏈分支電感器的電流作為變數。

(3) 寫出每一個以電容器電壓為變數的基本切集方程式。

(4) 寫出每一個以電感器電流為變數的基本迴路方程式。

上述之狀態變數亦可以電容器的電荷量及電感器的磁通量表示。通常電路內狀態變數的數目即等於儲能元件的數目。

例題 9.2

考慮圖 9.4 之電路，利用圖脈分析法寫出狀態方程式。

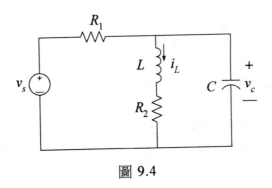

圖 9.4

【解】 選擇的樹如下所示

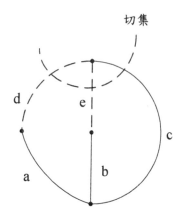

由切集得其方程式爲

$$C\frac{dv_c}{dt} + i_L + \frac{v_c - v_s}{R_1} = 0$$

即　　$$\frac{dv_c}{dt} = -\frac{1}{C}i_L - \frac{1}{R_1 C}v_c + \frac{1}{R_1 C}v_s \qquad ①$$

由 c、b、e 迴路得其方程式爲

$$L\frac{di_L}{dt} + R_2 i_L = v_c$$

即　　$$\frac{di_L}{dt} = -\frac{R_2}{L}i_L + \frac{1}{L}v_c \qquad ②$$

整合①②式可得其狀態方程式爲

$$\begin{bmatrix} \dfrac{di_L}{dt} \\ \dfrac{dv_c}{dt} \end{bmatrix} = \begin{bmatrix} -\dfrac{R_2}{L} & \dfrac{1}{L} \\ -\dfrac{1}{C} & -\dfrac{1}{R_1 C} \end{bmatrix} \begin{bmatrix} i_L \\ v_c \end{bmatrix} + \begin{bmatrix} 0 \\ -\dfrac{1}{R_1 C} \end{bmatrix} [v_s]$$

例題 9.3

試利用圖脈分析方法寫出圖 9.5 電路之狀態方程式。

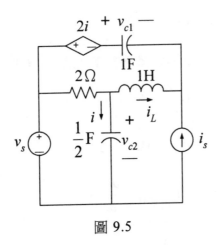

圖 9.5

【解】 所選擇的樹如下所示

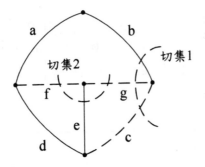

由切集 1 可得其切集方程式：

$$-1 \times \frac{dv_{c1}}{dt} - i_L - i_s = 0$$

即 $\quad \dfrac{dv_{c1}}{dt} = -i_L - i_s$ ①

由切集 2 可得其切集方程式：

$$\frac{1}{2} \times \frac{dv_{c2}}{dt} + i_L + \frac{v_{c2} - v_s}{2} = 0$$

即　$\dfrac{dv_{c2}}{dt} = -2i_L - v_{c2} + v_s$　　　　　　　　　②

由迴路 a、b、g、e、d 可得其迴路方程式：

$$2i + v_{c1} - 1 \times \dfrac{di_L}{dt} + v_{c2} - v_s = 0$$

將　$i = \dfrac{v_s - v_{c2}}{2} - i_L$ 代入上式

即　$v_s - v_{c2} - 2i_L + v_{c1} - \dfrac{di_L}{dt} + v_{c2} - v_s = 0$

得　$\dfrac{di_L}{dt} = -2i_L + v_{c1}$　　　　　　　　　③

整合①②③式得其狀態方程式為

$$\begin{bmatrix} \dfrac{di_L}{dt} \\ \dfrac{dv_{c1}}{dt} \\ \dfrac{dv_{c2}}{dt} \end{bmatrix} = \begin{bmatrix} -2 & 1 & 0 \\ -1 & 0 & 0 \\ -2 & 0 & -1 \end{bmatrix} \begin{bmatrix} i_L \\ v_{c1} \\ v_{c2} \end{bmatrix} + \begin{bmatrix} 0 \\ 0 \\ 1 \end{bmatrix} \begin{bmatrix} v_s \end{bmatrix} + \begin{bmatrix} 0 \\ -1 \\ 0 \end{bmatrix} \begin{bmatrix} i_s \end{bmatrix}$$

練習題

D9.2　寫出圖 D9.2 電路之狀態方程式。

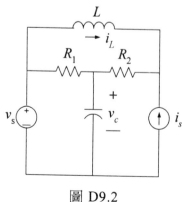

圖 D9.2

【答】
$$\begin{bmatrix} \dfrac{di_L}{dt} \\ \dfrac{dv_c}{dt} \end{bmatrix} = \begin{bmatrix} -\dfrac{R_2}{L} & -\dfrac{1}{L} \\ \dfrac{1}{C} & -\dfrac{1}{R_1 C} \end{bmatrix} \begin{bmatrix} i_L \\ v_c \end{bmatrix} + \begin{bmatrix} \dfrac{1}{L} & -\dfrac{R_2}{L} \\ \dfrac{1}{R_1 C} & \dfrac{1}{C} \end{bmatrix} \begin{bmatrix} v_s \\ i_s \end{bmatrix}$$

9.4 狀態方程式解法

9.4.1 傳統解法

在 9.2 節中已定義一線性非時變系統的狀態方程式為：

$$\frac{dx(t)}{dt} = Ax(t) + Br(t) \tag{9-9}$$

欲求解上式，首先假設 $r(t) = 0$，即

$$\frac{dx(t)}{dt} = Ax(t) \tag{9-10}$$

或 $\quad \dfrac{dx(t)}{x(t)} = Adt$

兩邊取積分，得

$$\ln x(t) = At + k \quad （k為常數）$$

得 $\quad x(t) = e^{At+k} = e^{At} \times e^{k}$

令 $\quad e^{k} = x(0) = 系統初態$

則 $\quad x(t) = x(0)e^{At} \tag{9-11}$

上式中，若將 e^{At} 表示為冪級數形式，即

$$e^{AT} = \sum_{n=0}^{\infty} A^n \frac{t^n}{n!}$$

$$= 1 + At + A^2 \frac{t^2}{2} + A^3 \frac{t^3}{3} + \cdots\cdots$$

$$= p(t) \tag{9-12}$$

其中 $p(t)$ 為矩陣 A 的變換矩陣，則（9-11）式可簡單表示為

$$x(t) = x(0)p(t) \tag{9-13}$$

其次考慮 $r(t) \neq 0$ 的情形。即當輸入向量不為零，且 $t = 0$ 之初狀態 $x(0)$ 及 $t > 0$ 之輸入向量為已知時，則（9-9）式的解為

$$x(t) = x(0)e^{At} + \int_0^t e^{A(t-\tau)}Br(\tau)d\tau \tag{9-14}$$

或 $$x(t) = x(0)p(t) + \int_0^t p(t-\tau)Br(\tau)d\tau \tag{9-15}$$

（9-14）式等號右邊第一項為齊性狀態方程式的解，第二項表示由輸入向量 $r(t)$ 所產生的解。

一般求解 e^{At} 時，可應用 Cayley-Hamilton 定理。底下說明此定理的涵義。

【定理 1】Cayley-Hamilton 定理

一方矩陣本身亦滿足其特徵方程式；亦即，若方矩陣 A 之特徵方程式為：

$$f(\lambda) = (-1)^n[\lambda^n - \beta_1\lambda^{n-1} + \cdots(-1)^n\beta_n] = 0 \tag{9-16}$$

則 $$f(A) = A^n - \beta_1 A^{n-1} + \beta_2 A^{n-2} + \cdots + (-1)^n I = 0 \tag{9-17}$$

上式中，λ_i 為方矩陣 A 的第 i 個特徵值。

由上述定理知，若

$$f(A) = e^{At} = \beta_0 I + \beta_1 A + \beta_2 A^2 + \cdots + \beta_{n-1}A^{n-1} \tag{9-18}$$

則 $\qquad f(\lambda) = e^{\lambda t} = \beta_0 + \beta_1\lambda + \beta_2\lambda^2 + \cdots + \beta_{n-1}\lambda^{n-1}$ （9-19）

例題 9.4

下列狀態方程式中，當 $t \geq 0$ 時，輸入 $r(t) = 1$，求 $x(t)$。

$$\begin{bmatrix} \dfrac{dx_1(t)}{dt} \\ \dfrac{dx_2(t)}{dt} \end{bmatrix} = \begin{bmatrix} 0 & 1 \\ -2 & -3 \end{bmatrix}\begin{bmatrix} x_1(t) \\ x_2(t) \end{bmatrix} + \begin{bmatrix} 0 \\ 1 \end{bmatrix}[r(t)]$$

【解】 矩陣 $A = \begin{bmatrix} 0 & 1 \\ -2 & -3 \end{bmatrix}$，$B = \begin{bmatrix} 0 \\ 1 \end{bmatrix}$

矩陣 A 之特徵根為

$$|A - \lambda I| = \begin{vmatrix} -\lambda & 1 \\ -2 & -3-\lambda \end{vmatrix} = \lambda^2 + 3\lambda + 2$$

$$= (\lambda+1)(\lambda+2) = 0$$

得 $\qquad \lambda_1 = -1$，$\lambda_2 = -2$

由（9-18）及（9-19）式知

$$e^{At} = \beta_0 I + \beta_1 A$$
$$e^{\lambda t} = \beta_0 + \beta_1\lambda$$

代入 λ 值（$\lambda_1 = -1$ 及 $\lambda_2 = -2$）得

$$e^{-t} = \beta_0 - \beta_1$$
$$e^{-2t} = \beta_0 - 2\beta_1$$

解之得

$$\beta_0 = 2e^{-t} - e^{-2t} \ \text{及}\ \beta_1 = e^{-t} - e^{-2t}$$

故

$$e^{At} = \beta_0 I + \beta_1 A$$

$$= \begin{bmatrix} \beta_0 & 0 \\ 0 & \beta_0 \end{bmatrix} + \begin{bmatrix} 0 & \beta_1 \\ -2\beta_1 & -3\beta_1 \end{bmatrix}$$

$$= \begin{bmatrix} 2e^{-t} - e^{-2t} & 0 \\ 0 & 2e^{-t} - e^{-2t} \end{bmatrix} + \begin{bmatrix} 0 & e^{-t} - e^{-2t} \\ -2e^{-t} + 2e^{-2t} & -3e^{-t} + 3e^{-2t} \end{bmatrix}$$

$$= \begin{bmatrix} 2e^{-t} - e^{-2t} & e^{-t} - e^{-2t} \\ -2e^{-t} + 2e^{-2t} & -e^{-t} + 2e^{-2t} \end{bmatrix} \qquad ①$$

又

$$\int_0^t e^{A(t-\tau)} Br(\tau) d\tau$$

$$= \int_0^t \begin{bmatrix} 2e^{-(t-\tau)} - e^{-2(t-\tau)} & e^{-(t-\tau)} - e^{-2(t-\tau)} \\ -2e^{-(t-\tau)} + 2e^{-2(t-\tau)} & -e^{-(t-\tau)} + 2e^{-2(t-\tau)} \end{bmatrix} \begin{bmatrix} 0 \\ 1 \end{bmatrix} d\tau$$

$$= \int_0^t \begin{bmatrix} e^{-(t-\tau)} - e^{-2(t-\tau)} \\ -e^{-(t-\tau)} + 2e^{-2(t-\tau)} \end{bmatrix} d\tau$$

$$= \begin{bmatrix} \dfrac{1}{2} - e^{-t} + \dfrac{1}{2}e^{-2t} \\ e^{-t} - e^{-2t} \end{bmatrix} \qquad ②$$

整合①②式得

$$\begin{bmatrix} x_1(t) \\ x_2(t) \end{bmatrix} = \begin{bmatrix} 2e^{-t} - e^{-2t} & e^{-t} - e^{-2t} \\ -2e^{-t} + 2e^{-2t} & -e^{-t} + 2e^{-2t} \end{bmatrix} \begin{bmatrix} x_1(0) \\ x_2(0) \end{bmatrix} + \begin{bmatrix} \dfrac{1}{2} - e^{-t} + \dfrac{1}{2}e^{-2t} \\ e^{-t} - e^{-2t} \end{bmatrix}$$

9.4.2 微分運算子解法

　　爲方便說明，再次考慮例題 9.4 之狀態方程式，若將之展開爲聯立方程式的形式，則

$$\begin{cases} \dfrac{dx_1(t)}{dt} - x_2(t) = 0 \\ \dfrac{dx_2(t)}{dt} + 2x_1(t) + 3x_2(t) = r(t) \end{cases} \tag{9-20}$$

應用微分運算子，並整理得

$$\begin{cases} Dx_1(t) - x_2(t) = 0 \\ 2x_1(t) + (D+3)x_2(t) = r(t) \end{cases} \tag{9-21}$$

由克拉瑪法則（Grammer-Rule）得

$$x_1(t) = \frac{\begin{vmatrix} 0 & -1 \\ r(t) & D+3 \end{vmatrix}}{\begin{vmatrix} D & -1 \\ 2 & D+3 \end{vmatrix}} = \frac{r(t)}{D^2 + 3D + 2} \tag{9-22}$$

$$x_2(t) = \frac{\begin{vmatrix} D & 0 \\ 2 & r(t) \end{vmatrix}}{\begin{vmatrix} D & -1 \\ 2 & D+3 \end{vmatrix}} = \frac{D[r(t)]}{D^2 + 3D + 2} \tag{9-23}$$

即

$$\begin{cases} (D^2 + 3D + 2)x_1(t) = r(t) \\ (D^2 + 3D + 2)x_2(t) = D[r(t)] \end{cases} \tag{9-24}$$

(1) 先求 $x_1(t)$ 及 $x_2(t)$ 之通解

特徵方程式為：

$$\lambda^2 + 3\lambda + 2 = 0$$
$$(\lambda + 1)(\lambda + 2) = 0$$

即 $\lambda_1 = -1$，$\lambda_2 = -2$

因此，$x_1(t)$ 及 $x_2(t)$ 的通解為

$$x_1(t) = c_1 e^{-t} + c_2 e^{-2t}$$

$$x_2(t) = c_1' e^{-t} + c_2' e^{-2t}$$

(2) 次求 $x_1(t)$ 及 $x_2(t)$ 之特解

$x_1(t)$ 之特解由（9-22）式知

$$x_1(t) = \frac{1}{D^2 + 3D + 2} \quad (\because r(t) = 1)$$

$$= \left(\frac{1}{2} - \frac{3}{4}D + \cdots \right) \times 1$$

$$= \frac{1}{2}$$

$x_2(t)$ 之特解由（9-23）式知

$$x_2(t) = \frac{0}{D^2 + 3D + 2} \quad (\because D[r(t)] = 0)$$

$$= 0$$

整合（1）與（2）得其全解為

$$\begin{cases} x_1(t) = c_1 e^{-t} + c_2 e^{-2t} + \dfrac{1}{2} \\ x_2(t) = c_1' e^{-t} + c_2' e^{-2t} \end{cases} \tag{9-25}$$

上式具有四個未知數，即 c_1，c_2，c_1' 及 c_2'，為找出其相互間的關係，將之代入（9-21）式之任一式。將 $x_1(t)$ 及 $x_2(t)$ 代入

$$Dx_1(t) - x_2(t) = 0$$

即

$$D\left(c_1 e^{-t} + c_2 e^{-2t}\right) - \left(c_1' e^{-t} + c_2' e^{-2t}\right) = 0$$

$$-c_1 e^{-t} - 2c_2 e^{-2t} - c_1' e^{-t} - c_2' e^{-2t} = 0$$

整理得

$$\left(-c_1 - c_1{}'\right)e^{-t} + \left(-2c_2 - c_2{}'\right)e^{-2t} = 0$$

比較係數得

$$\begin{cases} -c_1 - c_1{}' = 0 \\ -2c_2 - c_2{}' = 0 \end{cases}$$

因此，$c_1{}' = -c_1$ 及 $c_2{}' = -2c_2$

代入（9-25）式得其全解為

$$\begin{cases} x_1(t) = c_1 e^{-t} + c_2 e^{-2t} + \dfrac{1}{2} \\ x_2(t) = -c_1 e^{-t} - 2c_2 e^{-2t} \end{cases} \tag{9-26}$$

今代入初始條件。令 $t = 0$ 時，兩狀態變數分別為 $x_1(0)$ 及 $x_2(0)$，則

$$\begin{cases} x_1(0) = c_1 + c_2 + \dfrac{1}{2} \\ x_2(0) = -c_1 - 2c_2 \end{cases}$$

解上式得

$$c_1 = 2x_1(0) + x_2(0) - 1$$

及

$$c_2 = \frac{1}{2} - x_1(0) - x_2(0)$$

代入（9-26）式，得

$$x_1(t) = [2x_1(0) + x_2(0) - 1]e^{-t} + \left[\frac{1}{2} - x_1(0) - x_2(0)\right]e^{-2t} + \frac{1}{2}$$

$$= \left(2e^{-t} - e^{-2t}\right)x_1(0) + \left(e^{-t} - e^{-2t}\right)x_2(0) + \frac{1}{2} - e^{-t} + \frac{1}{2}e^{-2t}$$

及

$$x_2(t) = -[2x_1(0) + x_2(0) - 1]e^{-t} - 2\left[\frac{1}{2} - x_1(0) - x_2(0)\right]e^{-2t}$$

$$= \left(-2e^{-t} + 2e^{-2t}\right)x_1(0) + \left(-e^{-t} + 2e^{-2t}\right)x_2(0) + e^{-t} - e^{-2t}$$

因此，

$$\begin{bmatrix} x_1(t) \\ x_2(t) \end{bmatrix} = \begin{bmatrix} 2e^{-t} - e^{-2t} & e^{-t} - e^{-2t} \\ -2e^{-t} + 2e^{-2t} & -e^{-t} + 2e^{-2t} \end{bmatrix} \begin{bmatrix} x_1(0) \\ x_2(0) \end{bmatrix} + \begin{bmatrix} \frac{1}{2} - e^{-t} + \frac{1}{2}e^{-2t} \\ e^{-t} - e^{-2t} \end{bmatrix}$$

　　狀態方程式除可透過上述兩種方法求解外，尚可透過拉氏轉換法求解。有關拉氏轉換法將於下一章中介紹。

練習題

D9.3　圖 D9.3 為一串聯 *RLC* 電路，其狀態方程式已知為

$$\begin{bmatrix} \dfrac{di_L}{dt} \\ \dfrac{dv_c}{dt} \end{bmatrix} = \begin{bmatrix} -\dfrac{R}{L} & -\dfrac{1}{L} \\ -\dfrac{1}{C} & 0 \end{bmatrix} \begin{bmatrix} i_L \\ v_c \end{bmatrix} + \begin{bmatrix} \dfrac{1}{L} \\ 0 \end{bmatrix} [v]$$

若 $R = 2\Omega$，$L = \dfrac{1}{2}$H，$C = \dfrac{2}{3}$F，求解其狀態方程式。

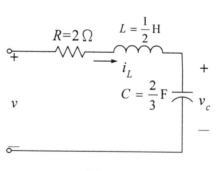

圖 D9.3

【答】

$$\begin{bmatrix} i_L \\ v_c \end{bmatrix} = \begin{bmatrix} -\dfrac{1}{2}e^{-t} + \dfrac{3}{2}e^{-3t} & -e^{-t} + e^{-3t} \\ \dfrac{3}{4}e^{-t} - \dfrac{3}{4}e^{-3t} & -\dfrac{3}{2}e^{-t} - \dfrac{1}{2}e^{-3t} \end{bmatrix} \begin{bmatrix} i_L(0) \\ v_c(0) \end{bmatrix} + \begin{bmatrix} e^{-t} - e^{-3t} \\ 1 - \dfrac{3}{2}e^{-t} + \dfrac{1}{2}e^{-3t} \end{bmatrix}$$

9.5 含儲能元件之對偶電路

　　表 8.1 中已說明電感與電容兩儲能元件間存在互為對偶關係。本節則將 8.5 節所探討的電路延伸至含儲能元件的對偶電路。而 8.5 節所詳列之對偶電路的建構步驟仍適用於本節所探討的對偶電路。

例題 9.5

考慮圖 9.6 之電路，（1）列出狀態方程式，（2）畫出對偶電路，（3）列出此對偶電路之狀態方程式。

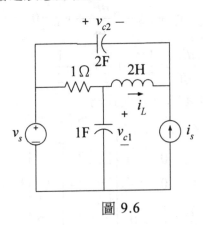

圖 9.6

【解】（1）選擇的樹如下所示

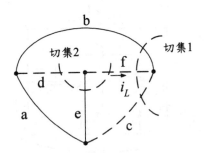

由切集 1：$-2\dfrac{dv_{c2}}{dt} - i_L - i_s = 0$

即　$\dfrac{dv_{c2}}{dt} = -\dfrac{1}{2}i_L - \dfrac{1}{2}i_s$　　　　　　　　①

由切集 2：$\dfrac{v_{c1} - v_s}{1} + 1\dfrac{dv_{c1}}{dt} + i_L = 0$

即　$\dfrac{dv_{c1}}{dt} = -v_{c1} - i_L + v_s$　　　　　　　　②

由迴路 a、b、f、e：

$$-v_s + v_{c2} - 2\dfrac{di_L}{dt} + v_{c1} = 0$$

即　　　$\dfrac{di_L}{dt} = \dfrac{1}{2}v_{c1} + \dfrac{1}{2}v_{c2} - \dfrac{1}{2}v_s$　　　　　　③

由①②③得其狀態方程式為

$$\begin{bmatrix} \dfrac{dv_{c1}}{dt} \\ \dfrac{dv_{c2}}{dt} \\ \dfrac{di_L}{dt} \end{bmatrix} = \begin{bmatrix} -1 & 0 & -1 \\ 0 & 0 & -\dfrac{1}{2} \\ \dfrac{1}{2} & \dfrac{1}{2} & 0 \end{bmatrix} \begin{bmatrix} v_{c1} \\ v_{c2} \\ i_L \end{bmatrix} + \begin{bmatrix} 1 \\ 0 \\ -\dfrac{1}{2} \end{bmatrix} \begin{bmatrix} v_s \end{bmatrix} + \begin{bmatrix} 0 \\ -\dfrac{1}{2} \\ 0 \end{bmatrix} \begin{bmatrix} i_s \end{bmatrix}$$

（2）對偶電路如下：（註：須留意電感電流及電容電壓的極性）

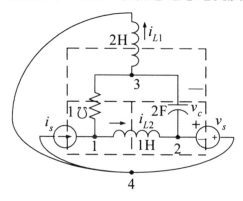

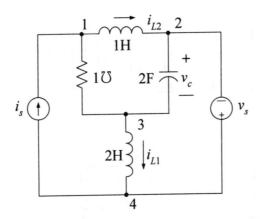

（3） 因（2）所得電路與原電路對偶，故可直接列出其狀態方
程式為

$$\begin{bmatrix} \dfrac{di_{L1}}{dt} \\ \dfrac{di_{L2}}{dt} \\ \dfrac{dv_c}{dt} \end{bmatrix} = \begin{bmatrix} -1 & 0 & -1 \\ 0 & 0 & -\dfrac{1}{2} \\ \dfrac{1}{2} & \dfrac{1}{2} & 0 \end{bmatrix} \begin{bmatrix} i_{L1} \\ i_{L2} \\ v_c \end{bmatrix} + \begin{bmatrix} 1 \\ 0 \\ -\dfrac{1}{2} \end{bmatrix} [i_s] + \begin{bmatrix} 0 \\ -\dfrac{1}{2} \\ 0 \end{bmatrix} [v_s]$$

練習題

D9.4 考慮圖 D9.4 之電路，（1）列出狀態方程式，（2）畫出對偶電路，
（3）列出此對偶電路之狀態方程式。

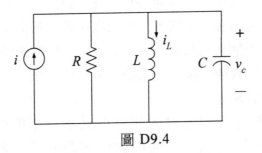

圖 D9.4

【答】（1）

$$\begin{bmatrix} \dfrac{di_L}{dt} \\ \dfrac{dv_c}{dt} \end{bmatrix} = \begin{bmatrix} 0 & \dfrac{1}{L} \\ -\dfrac{1}{C} & -\dfrac{1}{RC} \end{bmatrix} \begin{bmatrix} i_L \\ v_c \end{bmatrix} + \begin{bmatrix} 0 \\ \dfrac{1}{C} \end{bmatrix} \begin{bmatrix} i_s \end{bmatrix}$$

（2）

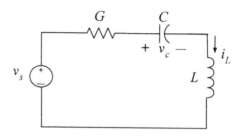

（3）

$$\begin{bmatrix} \dfrac{dv_c}{dt} \\ \dfrac{di_L}{dt} \end{bmatrix} = \begin{bmatrix} 0 & \dfrac{1}{C} \\ -\dfrac{1}{L} & -\dfrac{R}{L} \end{bmatrix} \begin{bmatrix} v_c \\ i_L \end{bmatrix} + \begin{bmatrix} 0 \\ \dfrac{1}{L} \end{bmatrix} \begin{bmatrix} v_s \end{bmatrix}$$

9.6 結論

　　本章中已對狀態變數及其所對應的狀態方程式進行定義與分析。在狀態方程式的建立方法中，檢視法較直接、簡易，但對於較複雜的電路則不易寫出其狀態方程式；圖脈分析法則提供一較有系統的求解方式。

　　狀態方程式的解法均較繁瑣，本章中已介紹傳統解法及微分運算子方法，讀者可選擇其中一種方法求解。另一種方法為拉氏轉換法，此方法將於下一章中介紹。

　　含儲能元件之對偶電路的建立則為本章末節的重點，由於電感與電容元件的加入，使得對偶電路的產生較為複雜。

第十章 拉普拉斯轉換

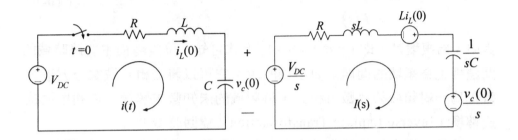

一函數的拉普拉斯轉換（Laplace Transformation）或簡稱爲拉氏轉換，可定義如下

$$L[f(t)] = \int_0^\infty f(t)e^{-st}\,dt$$
$$= F(s)$$

（10-1）

其中 s 爲複變數，即 $s = \sigma + j\omega$。由上式可知，拉氏轉換主要將時域的問題轉化爲頻域的問題，更明確的說，它可以將一組時域微分方程式轉化爲一組頻域的代數方程式，待頻域的未知數求解後，再利用反拉氏轉換（Inverse Laplace Transformation）變回時域。

拉氏轉換由於能將微分方程式的問題轉化爲簡單的代數問題，因此被廣泛運用於工程分析上。一般而言，一函數可拉氏轉換的充份條件爲

$$\int_0^\infty |f(t)|\,e^{-\sigma t}\,dt < \infty \quad (\sigma\ \text{爲正實數})$$

（10-2）

在此基礎上，本章將說明拉氏轉換之性質及其在微分電路之應用。

10.1 基本函數之拉氏轉換

1. 單位步階函數（unit step function）之拉氏轉換

單位步階函數已於 1.2 節中明確定義，即

$$u(t) = \begin{cases} 0, & t < 0 \\ 1, & t > 0 \end{cases}$$

（10-3）

根據（10-1）式之定義，其拉氏轉換爲

$$L[u(t)] = \int_0^\infty u(t)e^{-st}\,dt$$
$$= \int_0^\infty 1 \times e^{-st}\,dt$$
$$= -\frac{1}{s}e^{-st}\Big|_0^\infty$$

$$= -\frac{1}{s}(0-1)$$

$$= \frac{1}{s}(s > 0) \qquad\qquad (10\text{-}4)$$

今考慮一單位步階函數其圖形向右平移 a 單位之距離，如圖 10.1 所示，則其拉氏轉換為

$$L[u(t-a)] = \int_0^\infty u(t-a)e^{-st}dt$$

$$= \int_a^\infty e^{-st}dt$$

$$= -\frac{1}{s}e^{-st}\Big|_a^\infty$$

$$= -\frac{1}{s}(0-e^{-as})$$

$$= \frac{1}{s}e^{-as}\ (s > 0) \qquad\qquad (10\text{-}5)$$

同理，若單位步階函數向左平移 a 單位之距離，則

$$L[u(t+a)] = \frac{1}{s}e^{as}\quad(s > 0) \qquad\qquad (10\text{-}6)$$

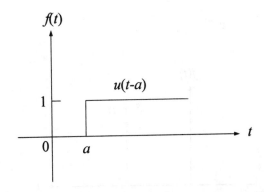

圖 10.1　單位步階函數向右平移 a 單位之距離

2. 單位脈衝函數（unit impulse function）之拉氏轉換

根據 1.2 節之描述，一單位脈衝函數被定義為

$$\delta(t) = \lim_{\Delta \to 0} \frac{1}{\Delta} \left[u(t) - u(t - \Delta) \right]$$

（10-7）

其中 Δ 為一微量的時間寬度。今若考慮一向右平移 a 單位距離之脈衝函數，如圖 10.2 所示，則依據（10.7）式，

$$\delta(t - a) = \lim_{\Delta \to 0} \frac{1}{\Delta} \left[u(t - a) - u(t - a - \Delta) \right]$$

（10-8）

兩邊取拉氏轉換，則

$$L\left[\delta(t - a) \right] = \lim_{\Delta \to 0} \left[\frac{1}{s\Delta} e^{-as} - \frac{1}{s\Delta} e^{-(a+\Delta)s} \right]$$

$$= e^{-as} \left[\lim_{\Delta \to 0} \frac{1 - e^{-\Delta s}}{s\Delta} \right]$$

$$= e^{-as} \left[\lim_{\Delta \to 0} \frac{\frac{d}{d\Delta}\left(1 - e^{-\Delta s} \right)}{\frac{d}{d\Delta}\left(s\Delta \right)} \right]$$

$$= e^{-as} \lim_{\Delta \to 0} \frac{se^{-as}}{s}$$

$$= e^{-as}$$

（10-9）

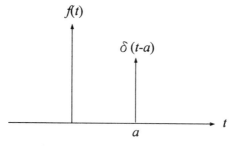

圖 10.2 向右平移 a 單位距離之單位脈衝函數

同理，

$$L[\delta(t+a)] = e^{as} \qquad\qquad (10\text{-}10)$$

上式中，若 $a=0$，則

$$L[\delta(t-a)] = L[\delta(t)]$$

$$= e^0 = 1 \qquad\qquad (10\text{-}11)$$

3. 指數函數之拉氏轉換

由（10-1）式之定義，指數函數 $f(t) = e^{-at}$ 的拉氏轉換為

$$L[e^{-at}] = \int_0^\infty e^{-at} e^{-st} dt$$

$$= \int_0^\infty e^{-(s+a)t} dt$$

$$= \frac{-1}{s+a} e^{-(s+a)t} \Big|_0^\infty$$

$$= \frac{-1}{s+a}[0-1]$$

$$= \frac{1}{s+a}(s > -a) \qquad\qquad (10\text{-}12)$$

同理， $$L[e^{at}] = \frac{1}{s-a}(s > a) \qquad\qquad (10\text{-}13)$$

4. 弦波函數之拉氏轉換

由尤拉公式：

$$\begin{cases} e^{j\omega t} = \cos \omega t + j \sin \omega t \\ e^{-j\omega t} = \cos \omega t - j \sin \omega t \end{cases}$$

上兩式相加與相減可得

$$\begin{cases} \cos \omega t = \dfrac{1}{2}\left(e^{j\omega t}+e^{-j\omega t}\right) \\[2mm] \sin \omega t = \dfrac{1}{2j}\left(e^{j\omega t}-e^{-j\omega t}\right) \end{cases}$$

則

$$L[\cos \omega t] = \frac{1}{2} L\left[e^{j\omega t}+e^{-j\omega t}\right]$$

$$= \frac{1}{2}\left(\frac{1}{s-j\omega}+\frac{1}{s+j\omega}\right)$$

$$= \frac{s}{s^2+\omega^2}(s>0) \qquad\qquad (10\text{-}14)$$

$$L[\sin \omega t] = \frac{1}{2j} L\left[e^{j\omega t}-e^{-j\omega t}\right]$$

$$= \frac{1}{2j}\left(\frac{1}{s-j\omega}-\frac{1}{s+j\omega}\right)$$

$$= \frac{s}{s^2+\omega^2} \quad (s>0) \qquad\qquad (10\text{-}15)$$

在上述公式的推導中，使用了拉氏轉換之線性定理，今說明如下：

【定理一】　設 $f_1(t)$ 及 $f_2(t)$ 為兩時間函數，c_1 及 c_2 為任意常數，則

$$L[c_1 f_1(t) \pm c_2 f_2(t)] = c_1 L[f_1(t)] \pm c_2 [f_2(t)]$$

$$= c_1 F_1(s) + c_2 F_2(s) \qquad\qquad (10\text{-}16)$$

【證明】　$L[c_1 f_1(t) \pm c_2 f_2(t)] = \displaystyle\int_0^\infty [c_1 f_1(t) \pm c_2 f_2(t)] e^{-st}\, dt$

$$= c_1 \int_0^\infty f_1(t) e^{-st} \pm c_2 \int_0^\infty f_2(t) e^{-st}\, dt$$

$$= c_1 L[f_1(t)] + c_2 L[f_2(t)]$$

$$= c_1 F_1(s) + c_2 F_2(s)$$

5. **雙曲線函數之拉氏轉換**

雙曲線函數 $\sinh \omega t$ 與 $\cosh \omega t$ 定義如下：

$$\sinh \omega t = \frac{1}{2}\left(e^{\omega t} - e^{-\omega t}\right)$$

及

$$\cosh \omega t = \frac{1}{2}\left(e^{\omega t} + e^{-\omega t}\right)$$

因此，

$$L[\sinh \omega t] = \frac{1}{2}L\left[e^{\omega t} - e^{-\omega t}\right]$$

$$= \frac{1}{2}\left(\frac{1}{s-\omega} - \frac{1}{s+\omega}\right)$$

$$= \frac{\omega}{s^2 - \omega^2} \quad (s > \omega) \tag{10-17}$$

$$L[\cosh \omega t] = \frac{1}{2}L\left[e^{\omega t} + e^{-\omega t}\right]$$

$$= \frac{1}{2}\left(\frac{1}{s-\omega} + \frac{1}{s+\omega}\right)$$

$$= \frac{\omega}{s^2 - \omega^2} \quad (s > \omega) \tag{10-18}$$

6. **多次方函數之拉氏轉換**

考慮一含 n 次方之函數，即 $f(t) = t^n$，其拉氏轉換為

$$L[t^n] = \int_0^\infty t^n e^{-st} dt$$

欲求解上式，令 $x = st$，則將

$$t = \frac{x}{s}, \quad dt = \frac{1}{s}dx \text{ 代入上式得}$$

$$L[t^n] = \int_0^\infty \left(\frac{x}{s}\right)^n e^{-x} \frac{1}{s}dx$$

$$= \frac{1}{s^{n+1}} \int_0^\infty x^n e^{-x} dx$$

$$= \begin{cases} \dfrac{\Gamma(n+1)}{s^{n+1}}, \left(n > -1, \ s > 0\right) & \text{（10-19）} \\[3mm] \dfrac{n!}{s^{n+1}}, & (n \text{ 為正整數，} s{>}0) & \text{（10-20）} \end{cases}$$

其中 $\Gamma(n+1) = \int_0^\infty x^n e^{-x} dx$ 稱為咖瑪函數（Gamma function），其值須由函數表查得。

由（10-20）式可知，$L[t] = \dfrac{1}{s^2}$，$L[t^2] = \dfrac{2!}{s^3}$。表 10-1 列出本節所探討之基本函數的拉氏轉換。

例題 10.1

求下列函數的拉氏轉換（1）$f(t) = e^{-2t} - e^{-3t}$，（2）$f(t) = \dfrac{5}{2}t^2 + 2t + 3$，（3）$\cos^2 t$，（4）$2u(t-3) + u(t+2)$。

【解】（1）

$$L[f(t)] = L\left[e^{-2t} - e^{-3t}\right]$$

$$= \frac{1}{s+2} - \frac{1}{s+3}$$

$$= \frac{1}{(s+2)(s+3)}$$

（2）

$$L[f(t)] = L\left[\frac{5}{2}t^2 + 2t + 3\right]$$

$$= \frac{5}{2} \times \frac{2!}{s^3} + 2 \times \frac{1}{s^2} + \frac{3}{s}$$

$$= \frac{5}{s^3} + \frac{2}{s^2} + \frac{3}{s}$$

（3）

$$L[f(t)] = L[\cos^2 t]$$

$$= L\left[\frac{1 + \cos 2t}{2}\right]$$

$$= \frac{1}{2} L[1 + \cos 2t]$$

表 10-1　基本函數之拉氏轉換

$f(t)$	$F(s)$
$u(t)$	$\dfrac{1}{s} \quad (s > 0)$
$\delta(t)$	1
e^{at}	$\dfrac{1}{s-a} \quad (s > a)$
$\sin \omega t$	$\dfrac{\omega}{s^2 + \omega^2} \quad (s > 0)$
$\cos \omega t$	$\dfrac{\omega}{s^2 + \omega^2} \quad (s > 0)$
$\sinh \omega t$	$\dfrac{\omega}{s^2 - \omega^2} \quad (s > \omega)$
$\cosh \omega t$	$\dfrac{\omega}{s^2 - \omega^2} \quad (s > \omega)$
t^n	$\begin{cases} \dfrac{\Gamma(n+1)}{s^{n+1}}, & (n > -1, \quad s > 0) \\[2ex] \dfrac{n!}{s^{n+1}}, & (n \text{ 為正整數} , s>0) \end{cases}$

$$= \frac{1}{2}\left(\frac{1}{s} + \frac{s}{s^2 + 4}\right)$$

$$= \frac{s^2 + 2}{s\left(s^2 + 4\right)}$$

（4）

$$L[f(t)] = L[2u(t-3) + u(t+2)]$$

$$= \frac{2}{s}e^{-3s} + e^{2s}$$

練習題

D10.1　求下列函數之拉氏轉換（1）$\sin(\omega t + \alpha)$，（2）$1 - e^{-2t}$，（3）t^4，

（4）$\frac{1}{5}\sin^3 t + t - 2$。（註：$\sin 3t = 3\sin t - 4\sin^3 t$）

【答】　（1）$\frac{\omega}{s^2 + \omega^2}\cos\alpha + \frac{\omega}{s^2 + \omega^2}\sin\alpha$，（2）$\frac{2}{s(s+2)}$，（3）$\frac{24}{s^5}$

（4）$\frac{1}{20}\left(\frac{3}{s^2 + 1} - \frac{3}{s^2 + 9}\right) + \frac{1}{s^2} - \frac{2}{s}$

10.2　積微分之拉氏轉換

10.2.1　微分之拉氏轉換

微分電路存在於含有電感電容元件之電路中。今考慮一階微分函數，即 $f'(t) = \dfrac{df(t)}{dt}$ 之拉氏轉換。由拉氏轉換定義知

$$L[f'(t)] = \int_0^\infty f'(t)e^{-st}\,dt$$

$$= \int_0^\infty e^{-st}\,d[f(t)]$$

由分部積分法：$\int u dv = uv - \int v du$ 得

$$
\begin{aligned}
L[f'(t)] &= e^{-st} f(t) \Big|_0^\infty - \int_0^\infty f(t) \times (-s) e^{-st} dt \\
&= [0 - f(0)] + s \int_0^\infty f(t) e^{-st} dt \\
&= -f(0) + s L[f(t)] \\
&= s F(s) - f(0)
\end{aligned}
\tag{10-21}
$$

同理，

$$
\begin{aligned}
L[f''(t)] &= L\left\{ [f'(t)]' \right\} \\
&= s L[f'(t)] - f'(0) \\
&= s[s F(s) - f(0)] - f'(0) \\
&= s^2 F(s) - s f(0) - f'(0)
\end{aligned}
\tag{10-22}
$$

$$
L[f'''(t)] = s^3 F(s) - s^2 f(0) - s f'(0) - f''(0)
\tag{10-23}
$$

整合（10-21）至（10-23）式可得一 n 階微分的拉氏轉換為

$$
L[f^{(n)}(t)] = s^n F(s) - s^{n-1} f(0) - s^{n-2} f'(0) - s^{n-3} f''(0)
$$
$$
- \cdots - s^2 f^{(n-3)}(0) - s f^{(n-2)}(0) - f^{(n-1)}(0)
\tag{10-24}
$$

例題 **10.2**

圖 10.3 為一 RL 串聯電路，若電感之初始電流為 0A，求電流 $i(t)$。

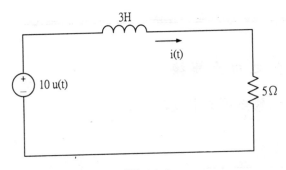

圖 10.3

【解】　應用 KVL 於該電路，則

$$3\frac{di}{dt} + 5i = 10u(t)$$

上式等號兩邊取拉氏轉換，即

$$3L\left[\frac{di}{dt}\right] + 5L[i] = 10L[u(t)]$$

$$3[sI(s) - i(0)] + 5I(s) = 10 \times \frac{1}{s}$$

$$3[sI(s) - 0] + 5I(s) = \frac{10}{s}$$

$$(3s + 5)I(s) = \frac{10}{s}$$

即

$$I(s) = \frac{10}{s(3s + 5)} = \frac{10/3}{s\left(s + \frac{5}{3}\right)}$$

$$= \frac{2}{s} + \frac{-2}{s + \frac{5}{3}}$$

上式之反拉氏轉換[1]為

$$i(t) = 2 - 2e^{-\frac{5}{3}t} \quad (A), \quad t \geq 0$$

10.2.2　積分之拉氏轉換

積分之拉氏轉換可依定義表示為

---

[1] 反拉氏轉換將於 10.4 節中介紹

$$L\left[\int_0^t f(\tau)d\tau\right] = \int_0^\infty \left[\int_0^t f(\tau)d\tau\right]e^{-st}\,dt$$

$$= \int_0^\infty \left[\int_0^t f(\tau)d\tau\right]d\left(\frac{e^{-st}}{-s}\right)$$

令　　　$$u = \int_0^t f(\tau)d\tau \;,\; dv = d\left(\frac{e^{-st}}{-s}\right)$$

由分部積分公式：$\int u\,dv = uv - \int v\,du$ 得

$$原式 = \left[\int_0^t f(\tau)d\tau\right]\left[\frac{e^{-st}}{-s}\right]_0^\infty - \int_0^\infty \left(\frac{e^{-st}}{-s}\right) \times f(t)\,dt$$

$$= \left[\int_0^t f(\tau)d\tau\right]\left[\frac{e^{-st}}{-s}\right]_0^\infty - \int_0^\infty \left(\frac{e^{-st}}{-s}\right) \times f(t)\,dt$$

$$= 0 + \frac{1}{s}\int_0^\infty f(t)e^{-st}\,dt$$

$$= \frac{1}{s}L[f(t)]$$

$$= \frac{1}{s}F(s) \tag{10-25}$$

（10-25）式可推廣至一 n 重積分的拉氏轉換為

$$L\left[\int_0^t \int_0^t \cdots \int_0^t f(\alpha)d\alpha d\beta dr\right] = \frac{1}{s^n}F(s) \tag{10-26}$$

例題 **10.3** ══════════════════════════

圖 10.4 為一串聯 RC 電路，若電容無初值，求電流 $i(t)$。

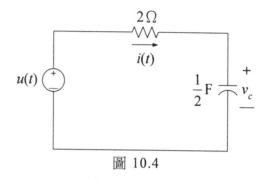

圖 10.4

【解】 應用 KVL 於該電路，則

$$2i + \frac{1}{\frac{1}{2}} \int_0^t idt = u(t)$$

上式兩邊取拉氏轉換，即

$$2L[i] + 2L\left[\int_0^t idt\right] = L[u(t)]$$

$$2I(s) + 2 \times \frac{1}{s}I(s) = \frac{1}{s}$$

$$\left(2 + \frac{2}{s}\right)I(s) = \frac{1}{s}$$

$$\left(\frac{2s+2}{s}\right)I(s) = \frac{1}{s}$$

即　$I(s) = \frac{1}{s} \times \frac{s}{2(s+1)} = \frac{1}{2(s+1)}$

得　$i(t) = \frac{1}{2}e^{-t}\,(\text{A}), \quad t \geq 0$

練習題

D10.2 　圖 10.3 電路中，若電感器初始電流為 5A，求電流響應 $i(t)$。

【答】 $i(t) = 2 + \dfrac{4}{3}e^{-\frac{5}{3}t}$ (A), $t \geq 0$

D10.3 圖 10.4 電路中，若電容器初始電壓為 5V，求電流響應 $i(t)$。

【答】 $i(t) = \dfrac{1}{2} - 3e^{-t}$ (A), $t \geq 0$

10.3 拉氏轉換之位移定理

10.3.1 第一位移定理（s 軸上之位移）

第一位移定理在工程應用上相當廣泛，它代表一函數 $f(t)$ 乘上指數函數 $e^{\pm at}$ 後之拉氏轉換為直接對該函數取拉氏轉換，再以 $s \mp at$ 取代轉換後的 s。

我們可由拉氏轉換定義說明此觀念，即

$$L\left[f(t)e^{\pm at}\right] = \int_0^\infty \left[f(t)e^{\pm at}\right]e^{-st}dt$$

$$= \int_0^\infty f(t)e^{-(s \mp at)}dt$$

$$= F(s \mp a) \tag{10-27}$$

例題 10.4

求下列函數之拉氏轉換（1）$f(t) = e^{-10t}\cos 3t$，（2）$f(t) = t^3 e^{-4t}$，

（3）$f(t) = e^{-3t}\int_0^t e^{-2t}\sin 3t dt$。

【解】（1）令 $f_1(t) = \cos 3t$

$$L[f_1(t)] = L[\cos 3t] = \frac{s}{s^2 + 9}$$

$$L\left[e^{-10t}f_1(t)\right] = L\left[e^{-10t}\cos 3t\right]$$

$$= \frac{s}{s^2+9}\bigg|_{s\to s+10}$$

$$= \frac{s+10}{(s+10)^2+9}$$

（2）令 $f_1(t)=t^3$ ，則

$$L[f_1(t)] = L[t^3] = \frac{3!}{s^4} = \frac{6}{s^4}$$

$$L\left[f_1(t)e^{-4t}\right] = L\left[t^3 e^{-4t}\right]$$

$$= \frac{6}{s^4}\bigg|_{s\to s+4}$$

$$= \frac{6}{(s+4)^4}$$

（3）

$$L\left[\int_0^t e^{-2t}\sin 3t\,dt\right] = \frac{1}{s}L\left[e^{-2t}\sin 3t\right]$$

$$= \frac{1}{s}\left[\frac{3}{s^2+9}\bigg|_{s\to s+2}\right]$$

$$= \frac{3}{s[(s+2)^2+9]}$$

$$L\left[e^{3t}\int_0^t e^{-2t}\sin 3t\,dt\right] = \frac{3}{s[(s+2)^2+9]}\bigg|_{s\to s-3}$$

$$= \frac{3}{(s-3)[(s-1)^2+9]}$$

10.3.2 第二位移定理（ t 軸上之位移）

為說明時間位移定理，我們先求函數 $f(t-a)u(t-a)$ 的轉換，此函數如圖 10.5 所示。

$$L[f(t-a)u(t-a)]=\int_0^\infty [f(t-a)u(t-a)]e^{-st}dt$$
$$=\int_a^\infty f(t-a)e^{-st}dt$$

令 $x=t-a$ ，則 $t=x+a$ ， $dt=dx$
故

$$L[f(t-a)u(t-a)]=\int_0^\infty f(x)e^{-s(x+a)}dx$$
$$=e^{-as}\int_0^\infty f(x)e^{-sx}dx$$
$$=e^{-as}L[f(x)]$$
$$=e^{-as}F(s) \qquad (10\text{-}28)$$

上式中，若令 $f(x)=f(t-a+a)=g(t-a)$
則

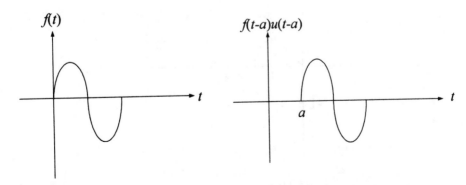

圖 10.5 （a）函數 $f(t)$ ，（b）函數 $f(t-a)u(t-a)$

$$L[f(t)u(t-a)] = L[g(t-a)u(t-a)]$$
$$= e^{-as}L[g(t)]$$
$$= e^{-as}L[f(t+a)] \qquad (10\text{-}29)$$

例題 **10.5**

設 $f(t) = t^3 - 2t^2 + 4$，求 $L[f(t)u(t-2)]$。

【解】由（10-29）式知

$$L[(t^3 - 2t^2 + 4)u(t-2)] = e^{-2s}L[(t+2)^3 - 2(t+2)^2 + 4]$$
$$= e^{-2s}L[t^3 + 4t^2 + 4t + 4]$$
$$= e^{-2s}\left(\frac{6}{s^4} + \frac{8}{s^3} + \frac{4}{s^2} + \frac{4}{s}\right)$$

例題 **10.6**

求圖 10.6 函數之拉氏轉換。

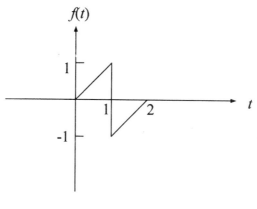

圖 10.6

【解】原函數可表示為

$$f(t) = t[u(t) - u(t-1)] + (t-2)[u(t-1) - u(t-2)]$$
$$= tu(t) - 2u(t-1) - (t-2)u(t-2)$$

$$L[f(t)] = \frac{1}{s^2} - \frac{2e^{-s}}{s} - \frac{e^{-2s}}{s^2}$$

$$= \frac{1 - e^{-2s}}{s^2} - \frac{2e^{-s}}{s}$$

練習題

D10.4　設 $f(t) = e^{-2t}\sin(\omega t + \alpha)$，求 $L[f(t)]$。

【答】　$L[f(t)] = \dfrac{\omega\cos\alpha + (s+2)\sin\alpha}{(s+2)^2 + \omega^2}$

D10.5　求圖 D10.1 函數之拉氏轉換。

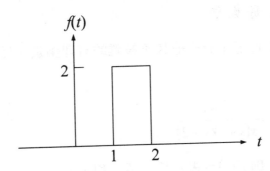

圖 D10.1

【答】　$\dfrac{2}{s}\left(e^{-s} - e^{-2s}\right)$

10.4　反拉氏轉換

　　當某函數經拉氏轉換為頻域後，必須再經反拉氏轉換已轉化為原函數之時域，則此運算才是有意義。今考慮一函數經拉氏轉換後為

$$F(s) = \frac{2(s+3)}{(s+1)(s+2)} \qquad\qquad （10\text{-}30）$$

欲求上式之反拉氏轉換，可將原式轉化為

$$F(s) = \frac{2(s+3)}{(s+1)(s+2)} = \frac{4}{s+1} + \frac{-2}{s+2} \qquad\qquad （10\text{-}31）$$

因此，原函數為

$$f(t) = L^{-1}[F(s)] = 4e^{-t} - 2e^{-2t}$$

上式中，符號「L^{-1}」代表反拉氏轉換。求解反拉氏轉換時，部份分式法是一種非常廣泛且有效的方法，底下將逐一介紹。

10.4.1 待定係數法

待定係數法可應用於一般較不複雜的有理函數。為說明此方法的應用，假設

$$F(s) = \frac{s^2 + 4}{s(s+1)(s+2)}$$

欲求其反轉換，則 $F(s)$ 可表示為三項之和，即

$$F(s) = \frac{s^2 + 4}{s(s+1)(s+2)} = \frac{A}{s} + \frac{B}{s+1} + \frac{C}{s+2}$$

$$= \frac{A(s+1)(s+2) + Bs(s+2) + Cs(s+1)}{s(s+1)(s+2)}$$

由分子項得

$$s^2 + 4 = A(s+1)(s+2) + Bs(s+2) + Cs(s+1)$$

$$= (A+B+C)s^2 + (3A+2B+C)s + 2A$$

比較等號兩邊係數得

$$\begin{cases} A + B + C = 1 \\ 3A + 2B + C = 0 \\ 2A = 4 \end{cases}$$

解得 $A = 2$，$B = -5$，及 $C = 4$，代入 $F(s)$ 得

$$F(s) = \frac{2}{s} + \frac{-5}{s+1} + \frac{4}{s+2}$$

因此，$\quad f(t) = L^{-1}[F(s)] = 2 - 5e^{-t} + 4e^{-2t}$

練習題

D10.6　已知 $F(s) = \dfrac{2s^2 + 1}{s(s+1)(s+2)}$，求 $f(t)$

【答】　$f(t) = \dfrac{1}{2} - 3e^{-t} + \dfrac{9}{2}e^{-2t}$

D10.7　已知 $F(s) = \dfrac{2(s+10)}{(s+1)(s+4)}$，求 $f(t)$

【答】　$f(t) = 6e^{-t} - 4e^{-4t}$

10.4.2 赫維賽展開法（Heaviside expansion method）

應用赫維賽展開法於反拉氏轉換運算，可分為下列三種情況討論。

1. 分母為相異實根

令 $F(s)$ 為一有理式，且

$$F(s) = \frac{P(s)}{Q(s)} = \frac{P(s)}{(s-a)(s-b)(s-c)\cdots}$$

$$= \frac{A}{s-a} + \frac{B}{s-b} + \frac{C}{s-c} + \cdots\cdots \qquad （10\text{-}32）$$

其中 $P(s)$ 及 $Q(s)$ 之係數均爲實數。今欲求 A 值，則令

$$F(s) = \frac{P(s)}{Q(s)} = \frac{A}{s-a} + M(s)$$

兩邊各乘 $(s-a)$，得

$$\frac{P(s)}{Q(s)}(s-a) = A + M(s)(s-a)$$

令 $s=a$，則

$$A = \left.\frac{P(s)}{Q(s)}(s-a)\right|_{s=a}$$

同理，

$$B = \left.\frac{P(s)}{Q(s)}(s-b)\right|_{s=b}$$

$$C = \left.\frac{P(s)}{Q(s)}(s-c)\right|_{s=c}$$

當 A、B、及 C 求出後，代入（10-32）式可得其反拉氏轉換爲

$$L^{-1}[F(s)] = Ae^{at} + Be^{bt} + Ce^{ct}$$

例題 10.7

已知　　$F(s) = \dfrac{s^2+2}{s^3+s^2-2s}$，求 $L^{-1}[F(s)]$

【解】 $\quad F(s)=\dfrac{s^2+2}{s(s^2+s-2)}=\dfrac{s^2+2}{s(s-1)(s+2)}$

$$=\dfrac{A}{s}+\dfrac{B}{s-1}+\dfrac{C}{s+2}$$

$$A=\dfrac{s^2+2}{s(s-1)(s+2)}\times s\bigg|_{s=0}=-1$$

$$B=\dfrac{s^2+2}{s(s-1)(s+2)}\times (s-1)\bigg|_{s=1}=1$$

$$C=\dfrac{s^2+2}{s(s-1)(s+2)}\times (s+2)\bigg|_{s=-2}=1$$

因此， $\quad F(s)=\dfrac{-1}{s}+\dfrac{1}{s-1}+\dfrac{1}{s+2}$

故 $\quad L^{-1}[F(s)]=-1+e^t+e^{-2t}$

2. 分母包含重複實根

設

$$F(s)=\dfrac{P(s)}{Q(s)}=\dfrac{P(s)}{(s-a)^k(s-b)(s-c)\cdots}$$

$$=\dfrac{A_1}{s-a}+\dfrac{A_2}{(s-a)^2}+\cdots+\dfrac{A_k}{(s-a)^k}+M(s)$$

兩邊各乘 $(s-a)^k$ 得

$$\dfrac{P(s)}{Q(s)}\times (s-a)^k=A_1(s-a)^{k-1}+A_2(s-a)^{k-2}+\cdots+A_{k-1}(s-a)+A_k$$

$$+M(s)(s-a)^k$$

（10-33）

令　　　$R(s) = \dfrac{P(s)}{Q(s)} \times (s-a)^k$ ，

將 $s = a$ 代入（10-33）式得

　　　$R(a) = A_k$ ，即 $A_k = \dfrac{R(a)}{0!}$

又　　　$R'(s) = A_1(k-1)(s-a)^{k-2} + A_2(k-2)(s-a)^{k-3} + \cdots + A_{k-1}$

　　　　$+ \dfrac{d}{ds}\left[M(s)(s-a)^k \right]$　　　　　　　　（10-34）

將 $s = a$ 代入（10-34）式得

　　　$R'(a) = 1 \times A_{k-1}$ ，即 $A_{k-1} = \dfrac{R'(a)}{1!}$

同理　　$R''(a) = 2A_{k-2}$ ，即 $A_{k-2} = \dfrac{R''(a)}{2!}$

依此類推，可得

　　　$R^{(k-1)}(a) = (k-1)(k-2)\cdots 3 \times 2 A_1$ ，即 $A_1 = \dfrac{R^{(k-1)}(a)}{(k-1)!}$　（10-35）

例題 10.8

已知　　$F(s) = \dfrac{s^2 + 4s - 2}{(s-1)^3(s-3)}$ ，求 $f(t)$ 。

【解】　　$F(s) = \dfrac{s^2 + 4s - 2}{(s-1)^3(s-3)} = \dfrac{A_1}{s-1} + \dfrac{A_2}{(s-1)^2} + \dfrac{A_3}{(s-1)^3} + \dfrac{B}{s-3}$

　　　令 $R(s) = \dfrac{s^2 + 4s - 2}{s-3}$ ，則

　　　$R'(s) = \dfrac{s^2 - 6s - 10}{(s-3)^2}$

$$R''(s) = \frac{38s - 114}{(s-3)^4}$$

$$A_3 = \frac{R(1)}{0!} = -\frac{3}{2}$$

$$A_2 = \frac{R'(1)}{1!} = -\frac{15}{4}$$

$$A_1 = \frac{R''(1)}{2!} = -\frac{19}{8}$$

$$B = \frac{s^2 + 4s - 2}{(s-1)^3}\bigg|_{s=3} = \frac{19}{8}$$

因此，

$$F(s) = \frac{-\frac{19}{8}}{s-1} + \frac{-\frac{15}{4}}{(s-1)^2} + \frac{-\frac{3}{2}}{(s-1)^3} + \frac{\frac{19}{8}}{s-3}$$

$$f(t) = L^{-1}[F(s)]$$

$$= -\frac{19}{8}e^t - \frac{15}{4}te^t - \frac{3}{4}t^2e^t + \frac{19}{8}e^{3t}$$

上式的反拉氏轉換中，第二項與第三項使用 10.3.1 節所介紹的第一位移定理。

---

3. 分母包含相異的複數根

當函數的分母包含相異的複數根，即 $[s-(a+jb)][s+(a+jb)]$，或 $[(s-a)^2 + b^2]$ 時，通常可配合第一位移定理求解。為說明此觀念，假設

$$F(s) = \frac{s+4}{(s^2 + 2s + 2)(s+1)}$$

欲求上式之反拉氏轉換，則原式可經下列方式處理：

$$F(s) = \frac{s+4}{(s^2+2s+2)(s+1)} = \frac{A}{s+1} + \frac{Bs+C}{s^2+2s+2}$$

$$= \frac{3}{s+1} + \frac{Bs+C}{s^2+2s+2}$$

$$= \frac{(3+B)s^2 + (6+C+B)s + 6 + C}{(s^2+2s+2)(s+1)}$$

比較分子項係數得

$$\begin{cases} 3 + B = 0 \\ 6 + C + B = 1 \\ 6 + C = 4 \end{cases}$$

故得 $B = -3$，$C = -2$，

$$F(s) = \frac{3}{s+1} + \frac{-3s-2}{s^2+2s+2}$$

$$= \frac{3}{s+1} + \frac{-3(s+1)+1}{(s+1)^2+1}$$

$$= \frac{3}{s+1} + \frac{-3(s+1)}{(s+1)^2+1} + \frac{1}{(s+1)^2+1}$$

上式之反拉氏轉換為

$$f(t) = L^{-1}[F(s)]$$

$$= 3e^{-t} - 3e^{-t}\cos t + e^{-t}\sin t$$

例題 10.9

圖 10.7 為一串聯 RLC 電路，若 $i(0^+) = 10\,\text{A}$，$v_c(0^+) = 5\,\text{V}$，求電流響應 $i(t)$。

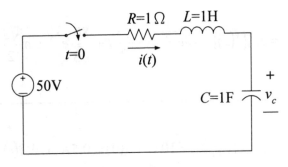

圖 10.7

【解】 應用 KVL 於該電路，即

$$1 \times i + 1 \times \frac{di}{dt} + \frac{1}{1} \int idt + 5 = 50$$

兩邊取拉氏轉換，得

$$I(s) + sI(s) - 10 + \frac{1}{s}I(s) + \frac{5}{s} = \frac{50}{s}$$

$$\left(1 + s + \frac{1}{s}\right)I(s) = \frac{45}{s} + 10$$

$$\left(\frac{s + s^2 + 1}{s}\right)I(s) = \frac{45 + 10s}{s}$$

$$I(s) = \frac{10s + 45}{s} \times \frac{s}{s^2 + s + 1}$$

$$= \frac{10s + 45}{s^2 + s + 1} = \frac{10\left(s + \frac{1}{2}\right) + 40}{\left(s + \frac{1}{2}\right)^2 + \frac{3}{4}}$$

$$= \frac{10\left(s + \frac{1}{2}\right)}{\left(s + \frac{1}{2}\right)^2 + \left(\frac{\sqrt{3}}{2}\right)^2} + \frac{\frac{\sqrt{3}}{2} \times \frac{80}{\sqrt{3}}}{\left(s + \frac{1}{2}\right)^2 + \left(\frac{\sqrt{3}}{2}\right)^2}$$

故得

$$i(t) = L^{-1}[I(s)] = 10e^{-\frac{1}{2}t}\cos\frac{\sqrt{3}}{2}t + \frac{80}{\sqrt{3}}e^{-\frac{1}{2}t}\sin\frac{\sqrt{3}}{2}t \ (A), \quad t \geq 0$$

練習題

D10.8　圖 D10.2 中，若 $v_c(0) = 10V$，$i(0) = 0.5A$，求 $i(t)$。

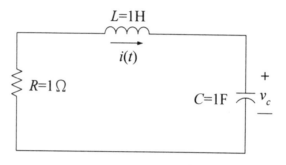

圖 D10.2

【答】　$i(t) = e^{-\frac{1}{2}t}\left(0.5\cos\frac{\sqrt{3}}{2}t - 11.84\sin\frac{\sqrt{3}}{2}t\right) \ (A), \quad t \geq 0$

10.5 初值及終值定理

初值及終值定理（initial-value and final-value theorem）主要藉研究 $F(s)$ 之極限值而求出 $f(0^+)$ 及 $f(\infty)$，其在檢驗拉氏轉換或反拉氏轉換的結果上相當有用。

為推導初值定理，首先考慮導數之拉氏轉換：

$$L\left[\frac{df(t)}{dt}\right] = sF(s) - f(0) = \int_0^\infty \frac{df(t)}{dt}e^{-st}\,dt$$

令 s 趨近於無限大，且將積分項分成兩部份，得

$$\lim_{s \to \infty}[sF(s) - f(0)] = \lim_{s \to \infty}\left[\int_{0^-}^{0^+} \frac{df(t)}{dt}e^0 dt + \int_{0^+}^{\infty} \frac{df(t)}{dt}e^{-st} dt\right]$$

即　　　　$-f(0) + \lim_{s \to \infty}[sF(s)] = f(0^+) - f(0^-)$

對於一儲能元件而言，$f(0^+) = f(0^-) = f(0)$

故　　　　$\lim_{s \to \infty}[sF(s)] = f(0)$

或　　　　$\lim_{t \to 0} f(t) = \lim_{s \to \infty}[sF(s)]$　　　　　　　　　　（10-36）

上式即是所謂的初值定理，它說明一時間函數 $f(t)$ 的初值可先將其拉氏轉換值 $F(s)$ 乘以 s，然後再令 s 趨近於無限大而求得。

　　例如一函數 $f(t)$ 為 $\cos \omega t$，我們知其初值 $f(0) = 1$，為驗證此結果，首先獲得 $F(s) = \dfrac{s}{s^2 + \omega^2}$，再應用（10-36）式：

$$\lim_{s \to \infty}[sF(s)] = \lim_{s \to \infty}\left[s \times \frac{s}{s^2 + \omega^2}\right] = 1$$

上述結果與 $f(0) = 1$ 相同，故檢驗結果正確。

　　終值定理只侷限於某些種類的變換，因而在應用上不如初值定理廣泛；即除了轉換的極點在 $s = 0$ 外，所有各極點均須位於 s 的左半平面之內才能引用此定理。再次考慮 $df(t)/dt$ 的拉氏轉換，即

$$L\left[\frac{df(t)}{dt}\right] = \int_0^{\infty} \frac{df(t)}{dt}e^{-st} dt = sF(s) - f(0)$$

取 s 趨近於零的極限，即

$$\lim_{s \to 0}\int_0^{\infty} \frac{df(t)}{dt}e^{-st} dt = \lim_{s \to 0}[sF(s) - f(0)]$$

$$= \int_0^\infty \frac{df(t)}{dt}dt$$

上式最後一項可化爲

$$\int_0^\infty \frac{df(t)}{dt}dt = \lim_{t\to\infty}\int_0^t \frac{df(t)}{dt}dt = \lim_{t\to\infty}[f(t)-f(0)]$$

比較上二式得

$$\lim_{t\to\infty} f(t) = \lim_{s\to 0}[sF(s)] \qquad\qquad (10\text{-}37)$$

上式即所謂的終值定理，其在應用上應特別留意（1）當時間 t 趨近於無限大時，$f(\infty)$ 存在；（2）除 $s=0$ 的極點外，$F(s)$ 的各個極點須爲於左半平面。

今考慮函數 $f(t) = e^{-at} - e^{-bt}$，其中 $a, b > 0$，我們可知 $f(\infty) = 0$。因 $f(t)$ 的拉氏轉換爲

$$F(s) = \frac{1}{s+a} - \frac{1}{s+b} = \frac{b-a}{(s+a)(s+b)}$$

上式乘上 s，並令 s 趨近於零，即

$$\lim_{s\to 0}[sF(s)] = \lim_{s\to 0}\left[s\times \frac{b-a}{(s+a)(s+b)}\right] = 0$$

此與 $f(\infty) = 0$ 一致。

當 $f(t)$ 爲一弦波函數時，由於其 $F(s)$ 的極點有部份位於虛軸上，因此終值是不確定的。

練習題 ─────────────────────────

D10.9　求下列函數之初值 $f(0)$ 及終值 $f(\infty)$：

（1）$F(s) = \dfrac{s^3 + 2s^2 + 4}{s(s^3 + 2s^2 + s + 1)}$ ；（2）$\dfrac{(2s+1)^2 + 4}{[(s+3)^2 + 16](s+5)}$

【答】　（1）1，4；（2）4，0

10.6　週期函數之拉氏轉換

　　第一章已對週期函數下過定義，即一函數 $f(t)$ 能滿足 $f(t \pm nT) = f(t)$，n=0, 1, 2⋯，即成為週期函數。一週期函數之拉氏轉換可經由下列方式推導。即

$$L[f(t)] = \int_0^\infty f(t)e^{-st}\,dt$$

$$= \int_0^T f(t)e^{-st}\,dt + \int_T^{2T} f(t)e^{-st}\,dt + \cdots$$

$$= \sum_{n=0}^\infty \int_{nT}^{(n+1)T} f(t)e^{-st}\,dt$$

令 $\tau = t - nT$，則 $t = \tau + nT$，$dt = d\tau$，則

$$L[f(t)] = \sum_{n=0}^\infty \int_0^T f(\tau + nT)e^{-s(\tau+nT)}\,d\tau$$

$$= \sum_{n=0}^\infty \int_0^T f(\tau)e^{-s\tau}e^{-nTs}$$

$$= \sum_{n=0}^\infty e^{-nTs} \int_0^T f(\tau)e^{-s\tau}\,d\tau$$

$$= (1 + e^{-Ts} + e^{-2Ts} + \ldots)L[f_1(t)]$$

$$= \frac{1}{1 - e^{-Ts}} F_1(s) \qquad\qquad (10\text{-}38)$$

其中 $F_1(s)$ 為 $f(t)$ 在第一週期的拉氏轉換。

例題 **10.10**

求圖 10.8 之拉氏轉換。

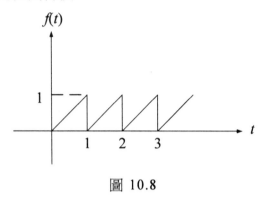

圖 10.8

【解】　利用（10-38）式，得

$$L[f(t)] = \frac{1}{1-e^{-s}} L[f_1(t)] \quad (\because T = 1)$$

其中 $f_1(t) = tu(t) - tu(t-1)$

$$L[f_1(t)] = \frac{1}{s^2} - e^{-s} L[t+1]$$

$$= \frac{1}{s^2} - e^{-s}\left(\frac{1}{s^2} + \frac{1}{s}\right)$$

$$= \frac{1}{s^2} - \frac{e^{-s}}{s^2} - \frac{e^{-s}}{s}$$

故得

$$L[f(t)] = \frac{1}{1-e^{-s}}\left[\frac{1}{s^2}\left(1-e^{-s}\right) - \frac{1}{s}e^{-s}\right]$$

$$= \frac{1}{s^2} - \frac{e^{-s}}{s(1-e^{-s})}$$

練習題

D10.10　求圖 D10.3 之拉氏轉換。

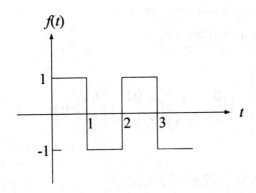

圖 D10.3

【答】　$F(s) = \dfrac{1 - e^{-s}}{s(1 + e^{-s})}$

D10.11　求圖 D10.4 之拉氏轉換

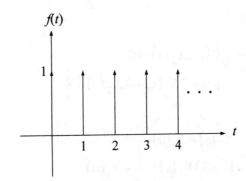

圖 D10.4

【答】　$F(s) = \dfrac{1}{1 - e^{-s}}$

10.7　拉氏轉換解狀態方程式

9.4 節中已介紹狀態方程式的解法，即傳統解法與微分運算子解

法，其求解過程相當繁複。本章主要介紹狀態方程式的拉氏轉換解法，其求解過程較 9.4 節所介紹方法簡單。

今考慮例題 9.4 之狀態方程式：

$$\begin{bmatrix} \dfrac{dx_1(t)}{dt} \\ \dfrac{dx_2(t)}{dt} \end{bmatrix} = \begin{bmatrix} 0 & 1 \\ -2 & -3 \end{bmatrix} \begin{bmatrix} x_1(t) \\ x_2(t) \end{bmatrix} + \begin{bmatrix} 0 \\ 1 \end{bmatrix} [r(t)]$$

因輸入 $r(t) = 1$，故原方程式可表示如下

$$\begin{cases} \dfrac{dx_1(t)}{dt} = x_2(t) \\ \dfrac{dx_2(t)}{dt} = -2x_1(t) - 3x_2(t) + 1 \end{cases}$$

兩邊各取拉氏轉換，得

$$\begin{cases} sX_1(s) - x_1(0) - X_2(s) = 0 \\ sX_2(s) - x_2(0) + 2X_1(s) + 3X_2(s) = \dfrac{1}{s} \end{cases}$$

即

$$\begin{cases} sX_1(s) - X_2(s) = x_1(0) \\ 2X_1(s) + (s+3)X_2(s) = \dfrac{1}{s} + x_2(0) \end{cases}$$

$$X_1(s) = \frac{\begin{vmatrix} x_1(0) & -1 \\ \dfrac{1+x_2(0)s}{s} & s+3 \end{vmatrix}}{\begin{vmatrix} s & -1 \\ 2 & s+3 \end{vmatrix}} = \frac{(s+3)x_1(0) + \dfrac{1+x_2(0)s}{s}}{s^2 + 3s + 2}$$

$$= \frac{s+3}{(s+1)(s+2)} x_1(0) + \frac{1}{(s+1)(s+2)} x_2(0) + \frac{1}{s(s+1)(s+2)}$$

$$= \left(\frac{2}{s+1} + \frac{-1}{s+2}\right)x_1(0) + \left(\frac{1}{s+1} + \frac{-1}{s+2}\right)x_2(0) + \left(\frac{\frac{1}{2}}{s} + \frac{-1}{s+1} + \frac{\frac{1}{2}}{s+2}\right)$$

故得

$$x_1(t) = L^{-1}[X_1(s)]$$
$$= \left(2e^{-t} - e^{-2t}\right)x_1(0) + \left(e^{-t} - e^{-2t}\right)x_2(0) + \frac{1}{2} - e^{-t} + \frac{1}{2}e^{-2t}$$

同理,

$$X_2(s) = \frac{\begin{vmatrix} s & x_1(0) \\ 2 & \dfrac{1 + x_2(0)s}{s} \end{vmatrix}}{s^2 + 3s + 2} = \frac{1 + x_2(0)s - 2x_1(0)}{(s+1)(s+2)}$$

$$= \frac{-2}{(s+1)(s+2)}x_1(0) + \frac{s}{(s+1)(s+2)}x_2(0) + \frac{1}{(s+1)(s+2)}$$

$$= \left(\frac{-2}{s+1} + \frac{2}{s+2}\right)x_1(0) + \left(\frac{-1}{s+1} + \frac{2}{s+2}\right)x_2(0) + \left(\frac{1}{s+1} + \frac{-1}{s+2}\right)$$

$$x_2(t) = L^{-1}[X_2(s)]$$
$$= \left(-2e^{-t} + 2e^{-2t}\right)x_1(0) + \left(-e^{-t} + 2e^{-2t}\right)x_2(0) + e^{-t} - e^{-2t}$$

練習題

D10.12 圖 D10.5 中,其狀態方程式已知為

$$\begin{bmatrix} \dfrac{di_L}{dt} \\ \dfrac{dv_c}{dt} \end{bmatrix} = \begin{bmatrix} -4 & -2 \\ \dfrac{3}{2} & 0 \end{bmatrix} \begin{bmatrix} i_L \\ v_c \end{bmatrix} + \begin{bmatrix} 2 \\ 0 \end{bmatrix} [v]$$

若 $i_L(0) = 0$,$v_c(0) = 0$,求解狀態方程式。

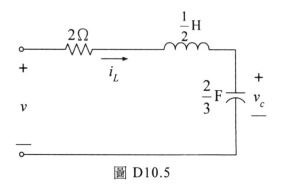

圖 D10.5

【答】　$i_L = e^{-t} - e^{-3t}$ （A），$v_c = 1 - \dfrac{3}{2}e^{-t} + \dfrac{1}{2}e^{-3t}$ （V）

10.8　拉氏轉換電路

　　一電路當存在儲能元件時，會有初始能量的問題，此時可應用 10.2 節之積微分拉氏轉換方法予以求解。本節中將介紹另一種求解技巧，即將儲能元件之初始條件以一等效直流電源取代每一電感器的初始電流或每一電容器的初始電壓。

　　考慮圖 10.9（a）之時域電路，其中

$$v(t) = L\frac{di(t)}{dt}$$

兩邊取拉氏轉換得

$$V(s) = sLI(s) - Li(0) \qquad\qquad （10\text{-}39）$$

或　　$$I(s) = \frac{V(s)}{sL} + \frac{i(0)}{s} \qquad\qquad （10\text{-}40）$$

根據上二式，可畫出頻域電路，分別如圖 10.9（b）及 10.9（c）所示。

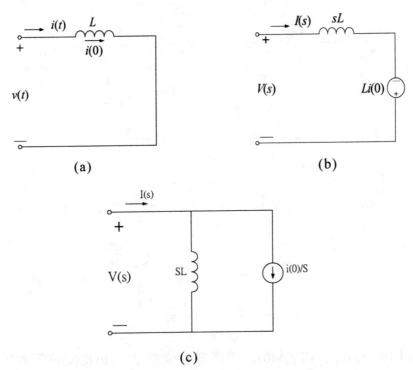

(c)

圖 10.9　(a)具有初值 $i(0)$ 之電感器時域電路，(b)及(c)為等效於(a)之拉
　　　　氏轉換頻域電路

若儲能元件為電容器時，如圖 10.10（a）所示，則

$$i(t) = C\frac{dv(t)}{dt}$$

兩邊取拉氏轉換，得

$$I(s) = sCV(s) - Cv(0) \qquad\qquad (10\text{-}41)$$

或　　　$$V(s) = \frac{1}{sC}I(s) + \frac{v(0)}{s} \qquad\qquad (10\text{-}42)$$

圖 10.10（b）即（c）顯示具有初值之電容器的頻域表示方式。為能更
清楚了解拉氏轉換電路的應用，底下將舉例說明。

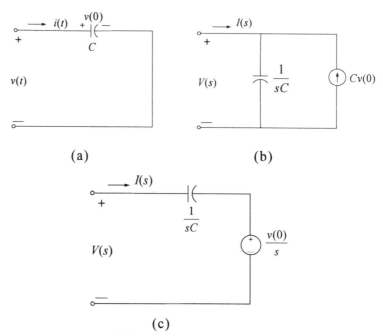

(a)　　　　　　　　　　(b)

(c)

圖 10.10　(a)具有初值 $v(0)$ 之電容器時域電路，(b)及(c)為等效於(a)之頻域拉氏轉換電路。

例題 **10.11**

　　例題 5.10 之電路（圖 5.10）重畫如圖 10.11，其初始條件為 $i(0)=10\,\mathrm{A}$，$v_c(0)=5\,\mathrm{V}$，求 $i(t)$：（1）利用積微分方法，（2）利用拉氏轉換電路方法。

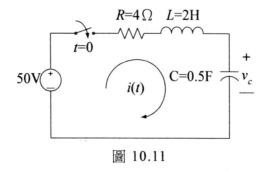

圖 10.11

【解】（1）應用 KVL 於該電路上，即

$$Ri + L\frac{di}{dt} + \frac{1}{c}\int_0^t idt + 5 = 50$$

$$4i + 2\frac{di}{dt} + 2\int_0^t idt + 5 = 45$$

兩邊取拉氏轉換

$$4I(s) + 2[sI(s) - 10] + \frac{2}{s}I(s) = \frac{45}{s}$$

$$\left(4 + 2s + \frac{2}{s}\right)I(s) = \frac{45}{s} + 20$$

$$I(s) = \frac{20s + 45}{s(s^2 + 2s + 1)} = \frac{1}{2}\left[\frac{20s + 45}{(s+1)^2}\right]$$

$$= \frac{1}{2}\left[\frac{20(s+1) + 25}{(s+1)^2}\right] = \frac{10(s+1)}{(s+1)^2} + \frac{12.5}{(s+1)^2}$$

$$= \frac{10}{s+1} + \frac{12.5}{(s+1)^2}$$

故得

$$i(t) = L^{-1}[I(s)] = 10e^{-t} + 12.5te^{-t} \quad (A), \quad t \geq 0$$

（2） 將原時域電路轉換為拉氏轉換電路，如下圖所示。

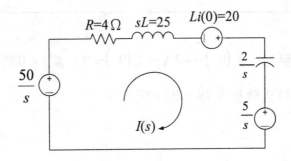

應用於 KVL 於該電路，則

$$-\frac{50}{s}+4I(s)+2sI(s)-20+\frac{2}{s}I(s)+\frac{5}{s}=0$$

$$\left(4+2s+\frac{2}{s}\right)I(s)=\frac{45}{s}+20$$

$$I(s)=\frac{20s+45}{2\left(s^2+2s+1\right)}=\frac{10}{s+1}+\frac{12.5}{(s+1)^2}$$

得 $i(t)=L^{-1}\left[I(s)\right]=10e^{-t}+12.5e^{-t}$ （A），$t\geq 0$

例題 10.12

圖 10.12 中，電路於 $t=0$ 前已達穩定狀態。今於 $t=0$ 時將開關關閉，求 $t\geq 0$ 時之電流 i_a。

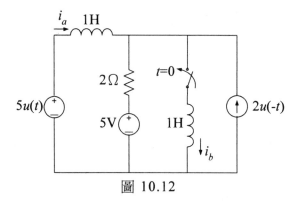

圖 10.12

【解】　由電路知，$i_a\left(0^-\right)=-2\mathrm{A}$，$i_b\left(0^-\right)=0$。當 $t\geq 0$ 時，將原電路轉換為拉氏轉換電路，如下所示：

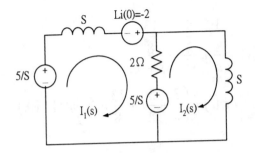

由網目電流法知

$$\begin{cases} (s+2)I_1(s) - 2I_2(s) = 2 \\ -2I_1(s) + (s+2)I_2(s) = \dfrac{5}{s} \end{cases}$$

$$I_1(s) = \frac{\begin{vmatrix} 2 & -2 \\ \dfrac{5}{s} & s+2 \end{vmatrix}}{\begin{vmatrix} s+2 & -2 \\ -2 & s+2 \end{vmatrix}} = \frac{\dfrac{2s^2 + 4s + 10}{s}}{s^2 + 4s}$$

$$= \frac{2s^2 + 4s + 10}{s^2(s+4)} = \frac{A_1}{s} + \frac{A_2}{s^2} + \frac{B}{s+4}$$

令 $R(s) = \dfrac{2s^2 + 4s + 10}{s+4}$ ，則

$$R'(s) = \frac{(4s+4)(s+4) - (2s^2 + 4s + 10)}{(s+4)^2} = \frac{2s^2 + 16s + 6}{(s+4)^2}$$

$$A_2 = \frac{R(0)}{0!} = \frac{10}{4} = \frac{5}{2}$$

$$A_1 = \frac{R'(0)}{1!} = \frac{6}{16} = \frac{3}{8}$$

$$B = \frac{2s^2 + 4s + 10}{s^2}\bigg|_{s=-4} = \frac{26}{16} = \frac{13}{8}$$

故　$I_1(s) = \dfrac{\dfrac{3}{8}}{s} + \dfrac{\dfrac{5}{2}}{s^2} + \dfrac{\dfrac{13}{8}}{s+4}$

$$i_a(t) = i_1(t) = \left(\frac{3}{8} + \frac{5}{2}t + \frac{13}{8}e^{-4t} \right)u(t) \quad (A)$$

練習題

D10.13　圖 D10.6 為一理想的運算放大器，$v_c(0) = 5V$，求 $v_0(t)$。

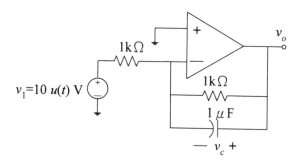

圖 D10.6

【答】　$v_0(t) = \left(15e^{-t} - 10 \right)u(t) \quad (V)$

D10.14　圖 D10.7 中，利用拉氏轉換電路方法求 $v_c(t)$，其初始條件為 $i_L(0) = 4\,A$，$v_c(0) = 7\,V$。

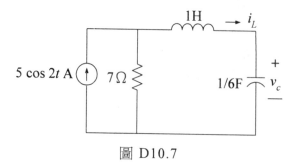

圖 D10.7

【答】$v_c(t) = 4.8e^{-t} + 0.1e^{-6t} + 2.1\cos 2t + 14.7\sin 2t$ (V)

10.9　轉移函數

轉移函數（transfer function）定義為輸出（響應）的拉氏轉換與輸入（激勵）拉氏轉換的比值，且此電路須只有單一激勵和響應，及所有初始條件等於零。當電路不只一個激勵或響應時，則須對每一個激勵或響應定義其轉換函數，再利用重疊定理求出總響應。

轉移函數一般表示為

$$H(s) = \frac{Y(s)}{X(s)} \tag{10-43}$$

其中 $Y(s)$ 及 $X(s)$ 分別代表電路中輸出和輸入的拉氏轉換。對大多數的電路而言，從轉換電路求轉移函數較為簡易，且一個電路可能有好幾個轉移函數，端賴如何定義 $Y(s)$ 及 $X(s)$。以圖 10.12 為例，若 $R = 2\Omega$，$L = 1\text{H}$，$C = 0.2\text{F}$，當輸出為 $I(s)$ 時，則轉移函數為

$$H(s) = \frac{I(s)}{V(s)} = \frac{1}{Z(s)}$$

$$= \frac{1}{R + sL + \left(\dfrac{1}{sC}\right)}$$

$$= \frac{s}{s^2 + 2s + 5}$$

當輸出為電容器兩端電壓時，則轉移函數為

$$H(s) = \frac{V_c(s)}{V(s)} = \frac{\dfrac{1}{SC}}{R + sL + \dfrac{1}{SC}}$$

$$= \frac{5}{s^2 + 2s + 5}$$

由上述說明可知，只要電路的輸入是可（拉氏）轉換的，則當轉移函數為已知時，電路的外部行為即能決定。換句話說，$H(s)$即代表電路本身，因而（10-43）式可改寫為

$$Y(s) = H(s)X(s) \qquad\qquad （10\text{-}44）$$

當輸入 $X(s)$ 已知時，$Y(s)$ 即能求得。

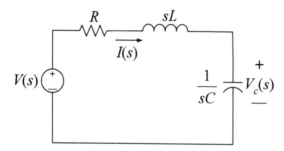

圖 10.12 一 RLC 電路之拉氏轉換電路

例題 **10.13**

圖 10.13 中，求轉移函數：（1）若輸出為電容電壓 v_c，（2）若輸出為 L_2 兩端電壓。

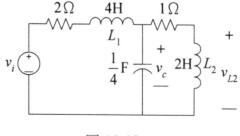

圖 10.13

【解】（1）將原電路轉換爲拉氏轉換電路如下

$$I_1(s) = \frac{V_c(s)}{\dfrac{4}{s}} + \frac{V_c(s)}{2s+1} = \left(\frac{s}{4} + \frac{1}{2s+1}\right)V_c(s)$$

$$= \frac{2s^2 + s + 4}{4(2s+1)}V_c(s)$$

又

$$V_i(s) = (2+4s)I_1(s) + V_c(s)$$

$$= (2+4s) \times \frac{2s^2 + s + 4}{4(2s+1)}V_c(s) + V_c(s)$$

$$= (s^2 + 0.5s + 3)V_c(s)$$

故　$H(s) = \dfrac{V_c(s)}{V_i(s)} = \dfrac{1}{s^2 + 0.5s + 3}$

（2）　$V_{L2}(s) = \dfrac{2s}{2s+1} \times V_c(s)$

$$= \frac{2s}{2s+1} \times \frac{1}{s^2 + 0.5s + 3}V_i(s)$$

故　$H(s) = \dfrac{V_{L2}(s)}{V_i(s)} = \dfrac{2s}{(2s+1)(s^2 + 0.5s + 3)}$

例題 **10.14**

圖 10.14 電路中，試求（1）脈衝響應，（2）輸出電壓 v_0，若 $v_i = 2u(t)$ （V）。

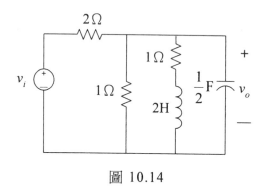

圖 10.14

【解】（1）拉氏轉換電路如下

$$Z(s) = \cfrac{1}{1 + \cfrac{1}{2s+1} + \cfrac{s}{2}} = \frac{2(2s+1)}{2s^2 + 5s + 4}$$

$$H(s) = \frac{v_0(s)}{v_i(s)} = \frac{Z(s)}{Z(s)+2} = \frac{2s+1}{2s^2 + 7s + 5}$$

$$= \frac{2s+1}{(s+1)(2s+5)} = \frac{-\dfrac{1}{3}}{s+1} + \frac{\dfrac{8}{3}}{2s+5}$$

即脈衝響應

$$h(t) = L^{-1}[H(s)] = \left(-\frac{1}{3}e^{-t} + \frac{4}{3}e^{-2.5t}\right)u(t)$$

（2）當 $v_i = 2u(t)$，則

$$V_i(s) = L^{-1}[V_i(s)] = \frac{2}{s}$$

$$V_0(s) = H(s)V_i(s) = \frac{2s+1}{(s+1)(2s+5)} \times \frac{2}{s}$$

$$= \frac{2s+1}{s(s+1)(s+2.5)} = \frac{\frac{2}{5}}{s} + \frac{\frac{2}{3}}{s+1} + \frac{-\frac{16}{15}}{s+2.5}$$

$$v_0(t) = \left(\frac{2}{5} + \frac{2}{3}e^{-t} - \frac{16}{15}e^{-2.5t}\right)u(t) \quad (V)$$

練習題

D10.15　圖 D10.8 中，（1）求轉換函數 $H(s) = V_2(s)/V_1(s)$，（2）若 $v_1(t) = u(t)$，求 $v_2(t)$。

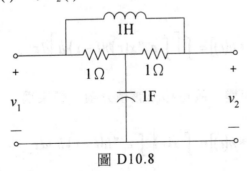

圖 D10.8

【答】（1）$H(s) = \dfrac{2(s+1)}{s^2 + 2s + 2}$，（2）$v_2(t) = \left(1 - e^{-t}\cos t + e^{-t}\sin t\right)u(t) \quad (V)$

10.9 再論迴旋定理

4.8 節中已說明迴旋定理：任意輸入的強行響應為此輸入函數與脈衝響應的迴旋積分，並定義為

$$y(t) = x(t) * h(t)$$
$$= \int_{-\infty}^{\infty} x(\tau)h(t-\tau)d\tau \qquad (10\text{-}45)$$

本節中將進一步證明（10-45）為輸入函數與脈衝響應之個別拉氏轉換乘積的反轉換。

假設 $X(s) = L[x(t)]$，$H(s) = L[h(t)]$ 則

$$L[x(t) * h(t)]$$
$$= L\left[\int_{-\infty}^{\infty} x(\tau)h(t-\tau)d\tau \right]$$
$$= \int_{0}^{\infty} e^{-st} \left[\int_{-\infty}^{\infty} x(\tau)h(t-\tau)d\tau \right] dt$$

因 e^{-st} 不隨 τ 而變，故可將 e^{-st} 項移至該積分內，並對調積分的次序，則

$$L[x(t) * h(t)] = \int_{0}^{\infty} \left[\int_{0}^{\infty} e^{-st} x(\tau)h(t-\tau)dt \right] d\tau$$

因 $x(\tau)$ 項不隨 t 而變，故可移出該積分項，結果為

$$L[x(t) * h(t)] = \int_{0}^{\infty} x(\tau) \left[\int_{0}^{\infty} e^{-st} h(t-\tau)dt \right] d\tau$$

令 $x = t - \tau$，則 $dx = dt$ 代入上式得

$$L[x(t) * h(t)] = \int_{0}^{\infty} x(\tau) \left[\int_{0}^{\infty} e^{-s(x+\tau)} h(x)dx \right] d\tau$$

$$= \int_0^\infty x(\tau)e^{-st}\left[\int_0^\infty e^{-sx}h(x)dx\right]d\tau$$

$$= \int_0^\infty x(\tau)e^{-st}H(s)d\tau = X(s)H(s)$$

故得

$$x(t)*h(t) = L^{-1}[X(s)H(s)] \qquad\qquad (10\text{-}46)$$

在某些方面，（10-46）式提供另一種求解反拉氏轉換的技術。

例題 **10.15**

求下列函數之反拉氏轉換（1）$F(s) = \dfrac{1}{s(s-1)^2}$，（2）$F(s) = \dfrac{s}{(s^2+4)^2}$

（應用迴旋定理）

【解】（1） $\quad L^{-1}[F(s)] = L^{-1}\left[\dfrac{1}{s}\ \dfrac{1}{(s-1)^2}\right]$

$$= L^{-1}\left[\dfrac{1}{s}\right]*L^{-1}\left[\dfrac{1}{(s-1)^2}\right]$$

$$= u(t)*te^t$$

$$= \int_0^t \tau\, e^\tau d\tau$$

$$= \tau\, e^\tau - e^\tau\Big|_0^t$$

$$= 1 - e^t + te^t$$

（2） $\quad L^{-1}[F(s)] = L^{-1}\left[\dfrac{1}{s^2+4} \times \dfrac{s}{s^2+4}\right]$

$$= L^{-1}\left[\frac{1}{s^2+4}\right] * L^{-1}\left[\frac{s}{s^2+4}\right]$$

$$= \frac{1}{2}\sin 2t * \cos 2t$$

$$= \frac{1}{2}\int \sin 2(t-\tau)\cos 2\tau d\tau$$

$$= \frac{1}{4}\int_0^{} \left[\sin 2t + \sin 2(t-\tau)\right]d\tau$$

$$= \frac{1}{4}\left[\tau \sin 2t + \frac{1}{4}\cos 2(t-2\tau)\right]_0^t$$

$$= \frac{1}{4}t\sin 2t$$

練習題

D10.16 應用迴旋定理求下列函數之反拉氏轉換，若 $F(s) =$ ：（1）
$\frac{1}{s(s+2)}$ ；（2）$\frac{1}{(s^2+1)^2}$ ；（3）$\frac{1}{s^2(s+2)}$。

【答】 （1）$0.5(1-e^{-2t})u(t)$ ；（2）$\frac{1}{2}\sin t - \frac{1}{2}t\cos t$ ；（3）
$(0.5t + 0.25e^{-2t} - 0.25)u(t)$

10.11 結論

本章中首先介紹基本函數之拉氏轉換及其相關應用，10.2 節中之
積微分拉氏轉換則應用於一般儲能元件之積微分電路，其求解方法較
第四五章方法簡易。10.3 節之位移定理增加了拉氏轉換的性能，使得
拉氏轉換在應用上更得心應手。

當一時域函數被拉氏轉換後，仍須還原為原時域形式才有意義，

10.4 節因而提供了數種反拉氏轉換的技巧。10.5 節之初值及終值定理主要藉拉氏轉換後的函數求解 $f(0^+)$ 及 $f(0^-)$ ，以便對電路之初始及極限終值進行了解。10.6 節之週期函數的拉氏轉換則提供一極有用的公式。

10.7 節之拉氏轉換解狀態方程式，其求解方法較 9.4 之傳統方法及微分運算子方法簡易；10.8 節之拉氏轉換電路與 10.2 節之積微分拉氏轉換方法有異曲同工之妙；10.9 節之轉換函數則提供基本的電路控制方法；末節之迴旋定理則介紹另一種反拉氏轉換方法，雖然它並不見得較 10.4 節的方法簡易。

當熟悉了拉氏轉換技巧後，電機、電子工程師對於電路分析工作將有更深一層的體認。在下一章中將介紹雙埠網路，其中部分電路的分析工作，將仰賴拉氏轉換技巧。

第十一章　雙埠網路

　　如圖 11.1 所示之四端網路稱爲雙埠網路（two-port network），其左側爲輸入埠，右側爲輸出埠。在雙埠網路中我們要討論的是輸入埠之電壓及電流與輸出埠之電壓及電流間之關係。在此雙埠網路上共有四個變數 V_1、I_1、V_2 及 I_2，其中只有兩個是獨立變數。因此對此一網路而言，只要決定其中兩個變數，其餘兩個變數即可求得。特別注意在圖 11.1 中，電壓和電流之參考方向，不論是輸入埠或輸出埠，其電壓之極性爲上正下負，電流則定義成流入雙埠網路內部。

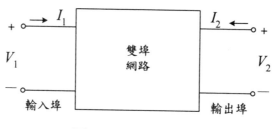

圖 11.1　雙埠網路

　　在雙埠網路中，因所選定之輸入與輸出變數不同，可得到不同之雙埠網路參數，以下就針對常用的幾種雙埠網路參數表示方法予以討論。

11.1　參數定義

1. z 參數

　　如圖 11.1 所示之雙埠網路，其 z 參數（又稱爲開路阻抗參數）可用下式表示：

$$\begin{cases} V_1 = z_{11}I_1 + z_{12}I_2 \\ V_2 = z_{21}I_1 + z_{22}I_2 \end{cases} \qquad (11\text{-}1)$$

或可用矩陣型式表示

$$\begin{bmatrix} V_1 \\ V_2 \end{bmatrix} = \begin{bmatrix} z_{11} & z_{12} \\ z_{21} & z_{22} \end{bmatrix} \begin{bmatrix} I_1 \\ I_2 \end{bmatrix} \tag{11-2}$$

其中

$[Z] = \begin{bmatrix} z_{11} & z_{12} \\ z_{21} & z_{22} \end{bmatrix}$ 稱為開路阻抗矩陣，或稱為 Z 參數矩陣；

$z_{11} = \dfrac{V_1}{I_1}\bigg|_{I_2=0}$ 即為埠 2 開路下，埠 1 之驅動點阻抗；

$z_{12} = \dfrac{V_1}{I_2}\bigg|_{I_1=0}$ 即為反向開路轉移阻抗；

$z_{21} = \dfrac{V_2}{I_1}\bigg|_{I_2=0}$ 即為順向開路轉移阻抗；

$z_{22} = \dfrac{V_2}{I_2}\bigg|_{I_1=0}$ 即為埠 1 開路下，埠 2 之驅動點阻抗；

由於此四個 z 參數皆在某一埠為開路條件下所測得之參數，因此，z 參數又稱為開路阻抗參數。

z 參數之等效電路如圖 11.2 所示：

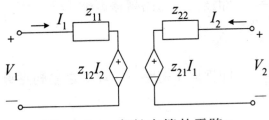

圖 11.2　z 參數之等效電路

2. y 參數

如圖 11.1 所示之雙埠網路，其 y 參數（又稱爲短路導納參數）可表示如下：

$$\begin{cases} I_1 = y_{11}V_1 + y_{12}V_2 \\ I_2 = y_{21}V_1 + y_{22}V_2 \end{cases} \tag{11-3}$$

或可用矩陣型式表示

$$\begin{bmatrix} I_1 \\ I_2 \end{bmatrix} = \begin{bmatrix} y_{11} & y_{12} \\ y_{21} & y_{22} \end{bmatrix} \begin{bmatrix} V_1 \\ V_2 \end{bmatrix} \tag{11-4}$$

其中

$[Y] = \begin{bmatrix} y_{11} & y_{12} \\ y_{21} & y_{22} \end{bmatrix}$ 稱爲短路導納矩陣，或稱爲 Y 參數矩陣；

$y_{11} = \dfrac{I_1}{V_1}\bigg|_{V_2=0}$ 即爲埠 2 短路下，埠 1 之驅動點導納；

$y_{12} = \dfrac{I_1}{V_2}\bigg|_{V_1=0}$ 即爲順向短路轉移導納；

$y_{21} = \dfrac{I_2}{V_1}\bigg|_{V_2=0}$ 即爲反向短路轉移導納；

$y_{22} = \dfrac{I_2}{V_2}\bigg|_{V_1=0}$ 即爲埠 1 短路下，埠 2 之驅動點導納；

由於此四個 y 參數皆在某一埠爲短路條件下所測得之參數，因此，y 參數又稱爲短路導納參數。

　　根據 z 參數與 y 參數之定義，我們可發現 z 參數之 Z 矩陣與 y 參數之 Y 矩陣，具有下列關係：

$$\because \begin{bmatrix} V_1 \\ V_2 \end{bmatrix} = [Z] \begin{bmatrix} I_1 \\ I_2 \end{bmatrix}$$

$$\begin{bmatrix} I_1 \\ I_2 \end{bmatrix} = [Y] \begin{bmatrix} V_1 \\ V_2 \end{bmatrix}$$

$$\therefore [Z] = [Y]^{-1} \text{ 或 } [Y] = [Z]^{-1} \tag{11-5}$$

y 參數之等效電路如圖 11.3 所示

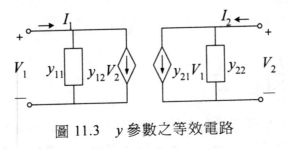

圖 11.3　y 參數之等效電路

3. 混合 h 參數

　　混合 h 參數是將埠 1 的電壓與埠 2 的電流以其餘之電流和電壓變數表示：

$$\begin{cases} V_1 = h_{11}I_1 + h_{12}V_2 \\ I_2 = h_{21}I_1 + h_{22}V_2 \end{cases} \tag{11-6}$$

或可用矩陣型式表示

$$\begin{bmatrix} V_1 \\ I_2 \end{bmatrix} = \begin{bmatrix} h_{11} & h_{12} \\ h_{21} & h_{22} \end{bmatrix} \begin{bmatrix} I_1 \\ V_2 \end{bmatrix} \tag{11-7}$$

其中

$$[H] = \begin{bmatrix} h_{11} & h_{12} \\ h_{21} & h_{22} \end{bmatrix} 稱爲 H 矩陣；$$

$$h_{11} = \left.\frac{V_1}{I_1}\right|_{V_2=0} = \frac{1}{y_{11}}$$

$$h_{12} = \left.\frac{V_1}{V_2}\right|_{I_1=0} = \frac{z_{12}}{z_{22}}$$

$$h_{21} = \left.\frac{I_2}{I_1}\right|_{V_2=0} = \frac{y_{21}}{y_{11}}$$

$$h_{22} = \left.\frac{I_2}{V_2}\right|_{I_1=0} = \frac{1}{z_{22}}$$

值得注意的是，h_{11} 與阻抗具有相同之單位（ Ω ），h_{12} 為反向開路電壓比，h_{21} 為順向短路電流比，而 h_{22} 與導納具有相同之單位（ ℧ ）。h 參數之等效電路如圖 11.4 所示。

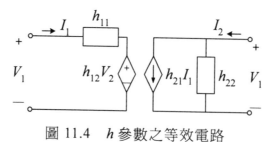

圖 11.4　h 參數之等效電路

4. 混合 g 參數

混合 g 參數是將埠 1 的電流與埠 2 的電壓以其餘之電壓和電流變數表示：

$$\begin{cases} I_1 = g_{11}V_1 + g_{12}I_2 \\ V_2 = g_{21}V_1 + g_{22}I_2 \end{cases}$$ （11-8）

或可用矩陣型式表示

$$\begin{bmatrix} I_1 \\ V_2 \end{bmatrix} = \begin{bmatrix} g_{11} & g_{12} \\ g_{21} & g_{22} \end{bmatrix} \begin{bmatrix} V_1 \\ I_2 \end{bmatrix}$$ （11-9）

其中

$$[G] = \begin{bmatrix} g_{11} & g_{12} \\ g_{21} & g_{22} \end{bmatrix} 稱爲\ G\ 矩陣；$$

$$g_{11} = \left.\frac{I_1}{V_1}\right|_{I_2=0} = \frac{1}{z_{11}}$$

$$g_{12} = \left.\frac{I_1}{I_2}\right|_{V_1=0} = \frac{y_{12}}{y_{22}}$$

$$g_{21} = \left.\frac{V_2}{V_1}\right|_{I_2=0} = \frac{z_{21}}{z_{11}}$$

$$g_{22} = \left.\frac{V_2}{I_2}\right|_{V_1=0} = \frac{1}{y_{22}}$$

h 參數之 H 矩陣與 g 參數之 G 矩陣具有下列關係：

$$\because \begin{bmatrix} V_1 \\ I_2 \end{bmatrix} = [H] \begin{bmatrix} I_1 \\ V_2 \end{bmatrix}$$

$$\begin{bmatrix} I_1 \\ V_2 \end{bmatrix} = [G] \begin{bmatrix} V_1 \\ I_2 \end{bmatrix}$$

$$\therefore [H] = [G]^{-1} \text{ 或 } [G] = [H]^{-1} \qquad (11\text{-}10)$$

g 參數之等效電路如圖 11.5 所示

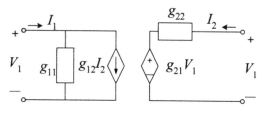

圖 11.5　g 參數的等效電路

5. 傳輸參數

　　所謂傳輸參數（又稱爲 T 參數）是將埠 1 之電壓與電流以埠 2 之電壓與電流變數表示：

$$\begin{cases} V_1 = AV_2 - BI_2 \\ I_1 = CV_2 - DI_2 \end{cases} \qquad (11\text{-}11)$$

或

$$\begin{bmatrix} V_1 \\ I_1 \end{bmatrix} = \begin{bmatrix} A & B \\ C & D \end{bmatrix} \begin{bmatrix} V_2 \\ -I_2 \end{bmatrix}$$

$$= [T] \begin{bmatrix} V_2 \\ -I_2 \end{bmatrix} \qquad (11\text{-}12)$$

其中

　　$[T]$ 稱爲傳輸矩陣或稱爲 $ABCD$ 參數矩陣；

$$A = \frac{V_1}{V_2}\bigg|_{I_2=0}$$

$$B = \frac{V_1}{-I_2}\bigg|_{V_2=0}$$

$$C = \frac{I_1}{V_2}\bigg|_{I_2=0}$$

$$D = \frac{I_1}{-I_2}\bigg|_{V_2=0}$$

值得注意的是，T 參數主要用於信號傳輸上，因此取 $-I_2$ 為變數，以表示電流流出埠 2，可直接與下一級之輸入埠串接。

在求解上述之各種參數時，若為簡易之網路，則可用 KVL 與 KCL 直接求出 V_1、V_2、I_1 和 I_2 間之關係。對於較複雜的網路，則可根據各參數之定義求得，其理由為根據定義中，當網路之一端為開路或短路時，可使網路簡化，方便各參數計算。

例題 **11.1**
═══════════════════════════════════

如圖 11.6 所示，求此網路之 y、z、h、g 與 T 參數。

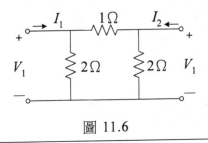

圖 11.6

【解】

　　根據 KCL：

$$\begin{cases} I_1 = \dfrac{V_1}{2} + \dfrac{V_1 - V_2}{1} = \dfrac{3}{2}V_1 - V_2 & \text{①} \\[3mm] I_2 = \dfrac{V_2}{2} + \dfrac{V_2 - V_1}{1} = -V_1 + \dfrac{3}{2}V_2 & \text{②} \end{cases}$$

（1）y 參數

$$\begin{bmatrix} I_1 \\ I_2 \end{bmatrix} = \begin{bmatrix} \dfrac{3}{2} & -1 \\ -1 & \dfrac{3}{2} \end{bmatrix} \begin{bmatrix} V_1 \\ V_2 \end{bmatrix}$$

（2）z 參數

由①可得

$$V_2 = \frac{3}{2}V_1 - I_1 \qquad\qquad\text{③}$$

將③代入②

$$I_2 = -V_1 + \frac{3}{2}\left(\frac{3}{2}V_1 - I_1 \right)$$

$$= -V_1 + \frac{9}{4}V_1 - \frac{3}{2}I_1$$

$$= \frac{5}{4}V_1 - \frac{3}{2}I_1$$

$$\frac{5}{4}V_1 = \frac{3}{2}I_1 + I_2$$

$$V_1 = \frac{6}{5}I_1 + \frac{4}{5}I_2 \qquad\qquad\text{④}$$

將④代入③可得

$$V_2 = \frac{3}{2}\left(\frac{6}{5}I_1 + \frac{4}{5}I_2\right) - I_1$$

$$= \frac{4}{5}I_1 + \frac{6}{5}I_2 \qquad \qquad ⑤$$

綜合④與⑤，可得 z 參數為

$$\begin{bmatrix} V_1 \\ V_2 \end{bmatrix} = \begin{bmatrix} \dfrac{6}{5} & \dfrac{4}{5} \\ \dfrac{4}{5} & \dfrac{6}{5} \end{bmatrix} \begin{bmatrix} I_1 \\ I_2 \end{bmatrix}$$

（3）h 參數

由①得

$$\frac{3}{2}V_1 = I_1 + V_2$$

$$V_1 = \frac{2}{3}I_1 + \frac{2}{3}V_2 \qquad \qquad ⑥$$

由②得

$$I_2 = -V_1 + \frac{3}{2}V_2$$

$$= -\left(\frac{2}{3}I_1 + \frac{2}{3}V_2\right) + \frac{3}{2}V_2$$

$$= -\frac{2}{3}I_1 + \frac{5}{6}V_2 \qquad \qquad ⑦$$

綜合⑥與⑦可得 h 參數為

$$\begin{bmatrix} V_1 \\ I_2 \end{bmatrix} = \begin{bmatrix} \dfrac{2}{3} & \dfrac{2}{3} \\ -\dfrac{2}{3} & \dfrac{5}{6} \end{bmatrix} \begin{bmatrix} I_1 \\ V_2 \end{bmatrix}$$

（4）g 參數

由②得

$$\frac{3}{2}V_2 = V_1 + I_2$$

$$V_2 = \frac{2}{3}V_1 + \frac{2}{3}I_2 \qquad \text{⑧}$$

由①得

$$I_1 = \frac{3}{2}V_1 - V_2$$

$$= \frac{3}{2}V_1 - \left(\frac{2}{3}V_1 + \frac{2}{3}I_2\right)$$

$$= \frac{5}{6}V_1 - \frac{2}{3}I_2 \qquad \text{⑨}$$

綜合⑨與⑧可得 g 參數為

$$\begin{bmatrix} I_1 \\ V_2 \end{bmatrix} = \begin{bmatrix} \dfrac{5}{6} & -\dfrac{2}{3} \\ \dfrac{2}{3} & \dfrac{2}{3} \end{bmatrix} \begin{bmatrix} V_1 \\ I_2 \end{bmatrix}$$

（5） T 參數

由②得

$$V_1 = \frac{3}{2}V_2 - I_2 \qquad \text{⑩}$$

由①得

$$I_1 = \frac{3}{2}V_1 - V_2$$

$$= \frac{3}{2}\left(\frac{3}{2}V_2 - I_2\right) - V_2$$

$$= \frac{5}{4}V_2 - \frac{3}{2}I_2 \qquad \text{⑪}$$

綜合⑩與⑪可得 g 參數為

$$\begin{bmatrix} V_1 \\ I_1 \end{bmatrix} = \begin{bmatrix} \dfrac{3}{2} & 1 \\ \dfrac{5}{4} & \dfrac{3}{2} \end{bmatrix} \begin{bmatrix} V_2 \\ -I_2 \end{bmatrix}$$

例題 **11.2**

如圖 11.7 所示，求此網路之 z 與 y 參數。

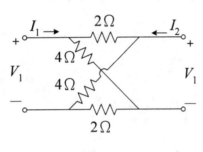

圖 11.7

【解】

（1）z 參數

$$\begin{bmatrix} V_1 \\ V_2 \end{bmatrix} = \begin{bmatrix} z_{11} & z_{12} \\ z_{21} & z_{22} \end{bmatrix} \begin{bmatrix} I_1 \\ I_2 \end{bmatrix}$$

其中

$$z_{11} = \left. \frac{V_1}{I_1} \right|_{I_2=0} \quad , \quad z_{21} = \left. \frac{V_2}{I_1} \right|_{I_2=0}$$

亦即是將埠 2 開路（ $I_2 = 0$ ）可求得 z_{11} 與 z_{21} 。

$$z_{12} = \left. \frac{V_1}{I_2} \right|_{I_1=0} \quad , \quad z_{22} = \left. \frac{V_2}{I_2} \right|_{I_1=0}$$

將埠 1 開路（ $I_1 = 0$ ）可求得 z_{12} 與 z_{22} 。

（a）埠 2 開路求 z_{11} 與 z_{21}

$$V_1 = I_1\left[(2+4)/\!/(4+2)\right] = 3I_1$$

$$z_{11} = \left.\frac{V_1}{I_1}\right|_{I_2=0} = \frac{1}{3}$$

$$V_2 = \frac{4}{2+4}V_1 - \frac{2}{4+2}V_1$$

$$\quad = \frac{1}{3}V_1$$

$$\quad = \frac{1}{3}(3I_1) = I_1$$

$$z_{21} = \left.\frac{V_2}{I_1}\right|_{I_2=0} = 1$$

（b）埠 1 開路求 z_{12} 與 z_{22}

$$V_2 = I_2\left[(2+4)/\!/(4+2)\right] = 3I_2$$

$$z_{22} = \left. \frac{V_2}{I_2} \right|_{I_1=0} = \frac{1}{3}$$

$$V_1 = \frac{4}{2+4} V_2 - \frac{2}{4+2} V_2$$

$$= \frac{1}{3} V_2$$

$$= \frac{1}{3}(3I_2) = I_2$$

$$z_{12} = \left. \frac{V_1}{I_2} \right|_{I_1=0} = 1$$

$$\therefore [Z] = \begin{bmatrix} \dfrac{1}{3} & 1 \\ 1 & \dfrac{1}{3} \end{bmatrix}$$

（2）y 參數

$$\begin{bmatrix} I_1 \\ I_2 \end{bmatrix} = \begin{bmatrix} y_{11} & y_{12} \\ y_{21} & y_{22} \end{bmatrix} \begin{bmatrix} V_1 \\ V_2 \end{bmatrix}$$

其中

$$y_{11} = \left. \frac{I_1}{V_1} \right|_{V_2=0} \quad , \quad y_{21} = \left. \frac{I_2}{V_1} \right|_{V_2=0}$$

亦即是將埠 2 短路（$V_2 = 0$）可求得 y_{11} 與 y_{21}

$$y_{12} = \left. \frac{I_1}{V_2} \right|_{V_1=0} \quad , \quad y_{22} = \left. \frac{I_2}{V_2} \right|_{V_1=0}$$

將埠 1 短路（$V_1 = 0$）可求得 y_{12} 與 y_{22}

（a）埠 2 短路求 y_{11} 與 y_{21}

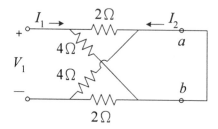

將上圖重畫如下：

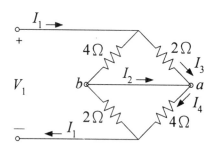

$$V_1 = I_1\left[(4 /\!/ 2) + (2 /\!/ 4)\right] = \frac{4}{3}I_1$$

$$y_{11} = \left.\frac{I_1}{V_1}\right|_{V_2=0} = \frac{3}{4}$$

$$I_2 = I_4 - I_3$$

$$= \frac{2}{4+2}I_1 - \frac{4}{4+2}I_1$$

$$= -\frac{1}{3}I_1$$

$$= -\frac{1}{3}\left(\frac{3}{4}V_1\right) = -\frac{1}{4}V_1$$

$$y_{21} = \frac{I_2}{V_1}\bigg|_{V_2=0} = -\frac{1}{4}$$

（b）埠 1 短路求 y_{12} 與 y_{22}

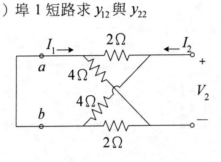

將上圖重畫如下：

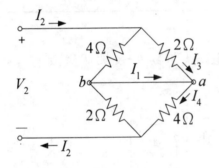

$$V_2 = I_2\left[(4/\!/2) + (2/\!/4)\right] = \frac{4}{3}I_2$$

$$y_{22} = \frac{I_2}{V_2}\bigg|_{V_1=0} = \frac{3}{4}$$

$$I_1 = I_4 - I_3$$

$$= \frac{2}{4+2}I_2 - \frac{4}{4+2}I_2$$

$$= -\frac{1}{3}I_2$$

$$= -\frac{1}{3}\left(\frac{3}{4}V_2\right) = -\frac{1}{4}V_2$$

$$y_{12} = \frac{I_1}{V_2}\bigg|_{V_1=0} = -\frac{1}{4}$$

$$\therefore [Y] = \begin{bmatrix} \dfrac{3}{4} & -\dfrac{1}{4} \\ -\dfrac{1}{4} & \dfrac{3}{4} \end{bmatrix}$$

練習題

D11.1 如圖 11.7 所示之電路，求其 h、g 與 T 參數。
【答】

$$[H] = \begin{bmatrix} \dfrac{4}{3} & \dfrac{1}{3} \\ -\dfrac{1}{3} & 3 \end{bmatrix}, \ [G] = \begin{bmatrix} \dfrac{1}{3} & -\dfrac{1}{3} \\ \dfrac{1}{3} & \dfrac{4}{3} \end{bmatrix}$$

$$[T] = \begin{bmatrix} 3 & 4 \\ 1 & 3 \end{bmatrix}$$

例題 **11.3**

如圖 11.8 所示之電路，求（1）h 參數（2）z 參數

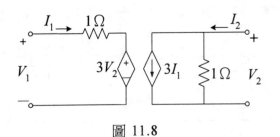

圖 11.8

【解】

(1) h 參數

$$\begin{cases} V_1 = I_1 + 3V_2 & ① \\ I_2 = 3I_1 + V_2 & ② \end{cases}$$

$$\begin{bmatrix} V_1 \\ I_2 \end{bmatrix} = \begin{bmatrix} 1 & 3 \\ 3 & 1 \end{bmatrix}\begin{bmatrix} I_1 \\ V_2 \end{bmatrix}$$

(2) z 參數

$$V_2 = I_2 - 3I_1$$
$$\quad = -3I_1 + I_2 \qquad ③$$

將③代入①得

$$V_1 = I_1 + 3(-3I_1 + I_2)$$
$$\quad = -8I_1 + 3I_2 \qquad ④$$

由④與③可知 z 參數爲

$$\begin{bmatrix} V_1 \\ V_2 \end{bmatrix} = \begin{bmatrix} -8 & 3 \\ -3 & 1 \end{bmatrix}\begin{bmatrix} I_1 \\ I_2 \end{bmatrix}$$

練習題

D11.2 如圖 D11.2 所示之電路，求（1）圖（a）之 z 參數（2）圖（b）

之 y 參數（3）圖（c）之 T 參數（4）圖（d）之 T 參數。

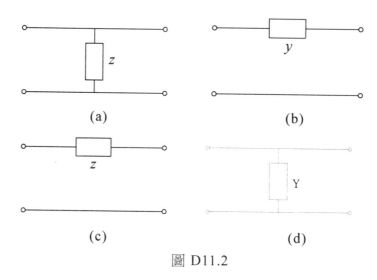

圖 D11.2

【答】（1） $\begin{bmatrix} z & z \\ z & z \end{bmatrix}$ （2） $\begin{bmatrix} y & -y \\ -y & y \end{bmatrix}$ （3） $\begin{bmatrix} 1 & z \\ 0 & 1 \end{bmatrix}$ （4） $\begin{bmatrix} 1 & 0 \\ y & 1 \end{bmatrix}$

11.2 參數互換

各種參數之互換，可根據各參數之定義，經由適當之代數運算而得到。以下舉兩個例子來說明：

1. 將 y 參數轉換成 z 參數

y 參數

$$I_1 = y_{11}V_1 + y_{12}V_2 \tag{11-13}$$
$$I_2 = y_{21}V_1 + y_{22}V_2 \tag{11-14}$$

z 參數

$$V_1 = z_{11}I_1 + z_{12}I_2 \tag{11-15}$$

$$V_2 = z_{21}I_1 + z_{22}I_2 \qquad (11\text{-}16)$$

利用行列式之解法，解（11-13）與（11-14）式之V_1與V_2：

解得

$$V_1 = \frac{\begin{vmatrix} I_1 & y_{12} \\ I_2 & y_{22} \end{vmatrix}}{\begin{vmatrix} y_{11} & y_{12} \\ y_{21} & y_{22} \end{vmatrix}} = \frac{y_{22}I_1 - y_{12}I_2}{y_{11}y_{22} - y_{12}y_{21}}$$

令　　　　$\Delta_y = y_{11}y_{22} - y_{12}y_{21}$

則　　　　$V_1 = \dfrac{y_{22}}{\Delta_y}I_1 - \dfrac{y_{12}}{\Delta_y}I_2 \qquad (11\text{-}17)$

比較（11-15）與（11-17）之參數可得

$$z_{11} = \frac{y_{22}}{\Delta_y}$$

$$z_{12} = \frac{-y_{12}}{\Delta_y}$$

同理可解得

$$V_2 = \frac{\begin{vmatrix} y_{11} & I_1 \\ y_{21} & I_2 \end{vmatrix}}{\begin{vmatrix} y_{11} & y_{12} \\ y_{21} & y_{22} \end{vmatrix}} = -\frac{y_{21}}{\Delta_y}I_1 + \frac{y_{11}}{\Delta_y}I_2 \qquad (11\text{-}18)$$

比較（11-16）（11-18）之係數可得

$$z_{21} = -\frac{y_{21}}{\Delta_y}$$

$$z_{22} = \frac{y_{11}}{\Delta_y}$$

2. 將 z 參數轉換成 h 參數

z 參數

$$V_1 = z_{11}I_1 + z_{12}I_2 \qquad\qquad (11\text{-}19)$$

$$V_2 = z_{21}I_1 + z_{22}I_2 \qquad\qquad (11\text{-}20)$$

h 參數

$$V_1 = h_{11}I_1 + h_{12}I_2 \qquad\qquad (11\text{-}21)$$

$$I_2 = h_{21}I_1 + h_{22}I_2 \qquad\qquad (11\text{-}22)$$

在欲求之 h 參數中，等式左邊之變數為 V_1 與 I_2，所以將已知之 z 參數中，V_1 與 I_2 盡量保持在等式左邊，其餘項移至等式右邊，可（11-19）與（11-20）分別整理如下：

$$V_1 = z_{11}I_1 + z_{12}I_2 \qquad\qquad (11\text{-}23)$$

$$I_2 = -\frac{z_{21}}{z_{22}}I_1 + \frac{1}{z_{21}}V_2 \qquad\qquad (11\text{-}24)$$

將（11-24）代入（11-23）可得

$$V_1 = z_{11}I_1 + z_{12}\left(\frac{1}{z_{22}}V_2 - \frac{z_{21}}{z_{22}}I_1\right)$$

$$= \left(z_{11} - \frac{z_{12}z_{21}}{z_{22}}\right)I_1 + \frac{z_{12}}{z_{22}}V_2 \qquad\qquad (11\text{-}25)$$

將（11-25）與（11-21）比較得知

$$h_{11} = z_{11} - \frac{z_{12}z_{21}}{z_{22}}$$

$$h_{12} = \frac{z_{12}}{z_{22}}$$

將（11-24）與（11-22）比較得知

$$h_{21} = -\frac{z_{21}}{z_{22}} \quad, \qquad h_{22} = \frac{1}{z_{2i}}$$

例題 **11.4**

已之某一雙埠網路之 z 參數為，$\begin{bmatrix} 3 & 1 \\ 1 & 2 \end{bmatrix}$

求其（1）h 參數（2）T 參數。

【解】

（1）h 參數

$$\begin{cases} V_1 = h_{11}I_1 + h_{12}V_2 \\ I_2 = h_{21}I_1 + h_{22}V_2 \end{cases}$$

由題意可知，z 參數為

$$\begin{cases} V_1 = 3I_1 + I_2 & \text{①} \\ V_2 = I_1 + 2I_2 & \text{②} \end{cases}$$

由②可得

$$I_2 = -\frac{1}{2}I_1 + \frac{1}{2}V_2 \qquad \text{③}$$

將③代入①可得

$$V_1 = 3I_1 + \left(-\frac{1}{2}I_1 + \frac{1}{2}V_2 \right)$$

$$= \frac{5}{2}I_1 + \frac{1}{2}V_2 \qquad \text{④}$$

由④與③可知 h 參數為

$$\begin{bmatrix} V_1 \\ I_2 \end{bmatrix} = \begin{bmatrix} \dfrac{5}{2} & \dfrac{1}{2} \\ -\dfrac{1}{2} & \dfrac{1}{2} \end{bmatrix} \begin{bmatrix} I_1 \\ V_2 \end{bmatrix}$$

（2）T 參數

$$\begin{cases} V_1 = AV_2 - BI_2 \\ I_1 = CV_2 - DI_2 \end{cases}$$

由②得

$$I_1 = V_2 - 2I_2 \qquad\qquad ⑤$$

將⑤代回①得

$$\begin{aligned} V_1 &= 3I_1 + I_2 \\ &= 3(V_2 - 2I_2) + I_2 \\ &= 3V_2 - 5I_2 \qquad\qquad ⑥ \end{aligned}$$

由⑥與③可知 T 參數為

$$\begin{bmatrix} V_1 \\ I_1 \end{bmatrix} = \begin{bmatrix} 3 & 5 \\ 1 & 2 \end{bmatrix} \begin{bmatrix} V_2 \\ I_2 \end{bmatrix}$$

練習題

D11.3 已知一雙埠網路之 T 參數為 $\begin{bmatrix} 7 & 2 \\ 3 & 1 \end{bmatrix}$，求 z 參數與 h 參數。

【答】$[Z] = \begin{bmatrix} \dfrac{7}{3} & \dfrac{1}{3} \\ \dfrac{1}{3} & \dfrac{1}{3} \end{bmatrix}$，$[H] = \begin{bmatrix} 2 & 1 \\ -1 & 3 \end{bmatrix}$

11.3 參數與等效電路之轉換

如圖 11.9 所示之雙埠網路可轉換成多種等效電路。以下針對 T 型、

π 型、V 型與格子等效電路作一介紹。

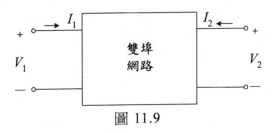

圖 11.9

1. T 型等效電路

如圖 11.9 之雙埠網路，可轉換成如圖 11.10 之 T 型等效電路。

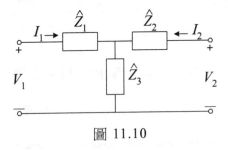

圖 11.10

圖 11.9 之 z 參數

$$\begin{cases} V_1 = z_{11}I_1 + z_{12}I_2 & (11-26) \\ V_2 = z_{21}I_1 + z_{22}I_2 & (11-27) \end{cases}$$

圖 11.10 之 z 參數可表示成

$$\begin{cases} V_1 = \left(\hat{Z}_1 + \hat{Z}_3\right)I_1 + \hat{Z}_3 I_2 & (11-28) \\ V_2 = \hat{Z}_3 I_1 + \left(\hat{Z}_2 + \hat{Z}_3\right)I_2 & (11-29) \end{cases}$$

比較（11-26）與（11-28）及（11-27）與（11-29）可得

$$z_{11} = \hat{Z}_1 + \hat{Z}_3$$

$$z_{12} = \hat{Z}_3$$

$$z_{21} = \hat{Z}_3$$

$$z_{22} = \hat{Z}_2 + \hat{Z}_3$$

整理可得

$$\hat{Z}_1 = z_{11} - z_{12} \qquad\qquad （11\text{-}30）$$

$$\hat{Z}_2 = z_{22} - z_{21} \qquad\qquad （11\text{-}31）$$

$$\hat{Z}_3 = z_{12} = z_{21} \qquad\qquad （11\text{-}32）$$

因此，T 型等效電路成立條件為在圖 11.9 之雙埠網路中，其 z 參數之 $z_{12} = z_{21}$

例題 **11.5**

如圖 11.11 之雙埠網路，求當 $Z_L = ?$ 時，可得最大功率 $P_{\max}$ ，且 $P_{\max} = ?$

圖 11.11

已知雙埠之 z 參數為 $\begin{bmatrix} 2+j2 & 1 \\ 1 & 1+j2 \end{bmatrix}$ 。

【解】

根據（11-30）至（11-32）式，將圖 11.11 轉換成下圖之 T 型等效電路。

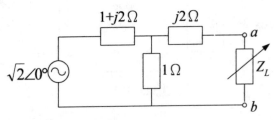

求出 a、b 兩點間之戴維寧等效電路，如下圖所示

$$Z_{Th} = j2 + (1+j2)//1$$
$$= 0.75 + j2.25$$

$$V_{Th} = \sqrt{2}\angle 0° \frac{1}{1+(1+j2)}$$
$$= 0.5\angle -45°$$

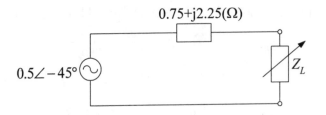

∴當 $Z_L = 0.75 - j2.25$　(Ω)時，可得最大功率 P_{max}，且

$$P_{max} = \left(\frac{0.5}{2\times 0.75}\right)^2 \times 0.75$$
$$= 0.083 \quad (W)$$

練習題

D11.4 如圖 D11.4 所示之電路，已知其 z 參數為 $\begin{bmatrix} 2+j3 & 1+j1 \\ 1+j1 & 2+j3 \end{bmatrix}$，求當 $Z_L = ?$時，可得最大功率 P_{max}，且 $P_{max} = ?$

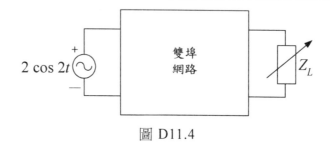

圖 D11.4

【答】

$$Z_L = 1.165 - j2.692 \quad (\Omega)$$
$$P_{max} = 0.066 \quad (W)$$

2. π型等效電路

如圖 11.9 所示之雙埠網路，其可轉換成如圖 11.12 之 π 型等效電路。

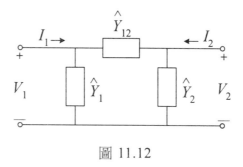

圖 11.12

圖 11.9 之 y 參數為

$$\begin{cases} I_1 = y_{11}V_1 + y_{12}V_2 & (11-33) \\ I_2 = y_{21}V_1 + y_{22}V_2 & (11-34) \end{cases}$$

圖 11.12 之 y 參數可表示成

$$I_1 = \left(\hat{Y}_1 + \hat{Y}_{12}\right)V_1 - \left(\hat{Y}_{12}\right)V_2 \qquad (11\text{-}35)$$

$$I_2 = -\hat{Y}_{12}V_1 + \left(\hat{Y}_2 + \hat{Y}_{12}\right)V_2 \qquad (11\text{-}36)$$

比較（11-33）與（11-35）及（11-34）與（11-36）可得

$$y_{11} = \hat{Y}_1 + \hat{Y}_{12}$$

$$y_{12} = -\hat{Y}_{12}$$

$$y_{21} = -\hat{Y}_{12}$$

$$y_{22} = \hat{Y}_2 + \hat{Y}_{12}$$

整理可得

$$\hat{Y}_1 = y_{11} + y_{12} \qquad (11\text{-}37)$$

$$\hat{Y}_2 = y_{22} + y_{12} \qquad (11\text{-}38)$$

$$\hat{Y}_{12} = -y_{12} = -y_{21} \qquad (11\text{-}39)$$

因此，π 型等效電路成立之條件爲原雙埠網路 y 參數之 $y_{12} = y_{21}$。

例題 **11.6**

已知一雙埠網路之 z 參數為 $\begin{bmatrix} \dfrac{3}{8} & \dfrac{1}{8} \\ \dfrac{1}{8} & \dfrac{3}{8} \end{bmatrix}$ ，求其 π 型等效電路。

【解】

$$\because [Y] = [Z]^{-1}$$

$$\therefore [Y] = \begin{bmatrix} \dfrac{3}{8} & \dfrac{1}{8} \\ \dfrac{1}{8} & \dfrac{3}{8} \end{bmatrix}^{-1}$$

$$= \begin{bmatrix} 3 & -1 \\ -1 & 3 \end{bmatrix}$$

根據（11-37）至（11-39）式可得其 π 型等效電路如下圖所示。

$$\hat{Y}_1 = 3 + (-1) = 2$$

$$\hat{Y}_2 = 3 + (-1) = 2$$

$$\hat{Y}_{12} = -(-1) = 1$$

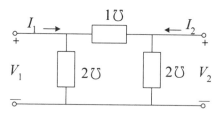

練習題

D11.5 已知一雙埠網路之 h 參數為 $\begin{bmatrix} j2.5 & 0.5 \\ -0.5 & -j0.5 \end{bmatrix}$ ，求其 π 型等效電路。

【答】

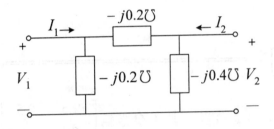

3. V 型等效電路

如圖 11.9 所示之雙埠網路，其 V 型等效電路如圖 11.13 所示。

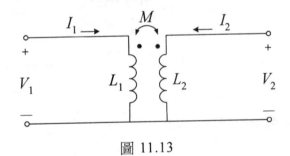

圖 11.13

圖 11.9 之 z 參數為

$$\begin{cases} V_1 = z_{11}I_1 + z_{12}I_2 & (11-40) \\ V_2 = z_{21}I_1 + z_{22}I_2 & (11-41) \end{cases}$$

圖 11.13 之 z 參數可表示成

$$\begin{cases} V_1 = j\omega L_1 I_1 + j\omega M I_2 & (11-42) \\ V_2 = j\omega M I_1 + j\omega L_2 I_2 & (11-43) \end{cases}$$

比較（11-40）與（11-42）及（11-41）與（11-43）可得

$$jωL_1 = z_{11} \qquad\qquad\qquad（11\text{-}44）$$

$$jωL_2 = z_{22} \qquad\qquad\qquad（11\text{-}45）$$

$$jωM = z_{12} = z_{21} \qquad\qquad\qquad（11\text{-}46）$$

若此雙埠網路之 z 參數爲已知，則可求出其 V 型等效電路中 L_1、L_2 與 M 之值。

例題 **11.7** ════════════════════════════════

如圖 11.14 之網路，其 h 參數爲 $\begin{bmatrix} j2.5 & 0.5 \\ -0.5 & -j0.5 \end{bmatrix}$，求其 V 型等效電路。

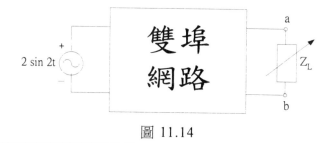

圖 11.14

【解】

先將 h 參數轉換成 z 參數

$$\begin{cases} V_1 = j2.5I_1 + 0.5V_2 & ① \\ I_2 = -0.5I_1 - j0.5V_2 & ② \end{cases}$$

由②可得

$$V_2 = jI_1 + j2I_2 \qquad\qquad ③$$

將③代入①

$$V_1 = j2.5I_1 + 0.5\left(jI_1 + j2I_2\right)$$

$$= j3I_1 + jI_2 \qquad\qquad ④$$

由④與③可得 z 參數為

$$\begin{bmatrix} V_1 \\ V_2 \end{bmatrix} = \begin{bmatrix} j3 & j \\ j & j2 \end{bmatrix} \begin{bmatrix} I_1 \\ I_2 \end{bmatrix}$$

由（11-44）至（11-46）式可得其 V 型等效電所如下圖所示

$j2L_1 = j3$

$j2L_2 = j2$

$j2M = j$

$\therefore L_1 = 1.5 \quad (\text{H})$

$L_2 = 1 \quad (\text{H})$

$M = 0.5 \quad (\text{H})$

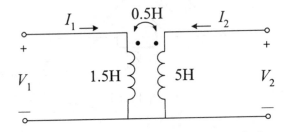

練習題

D11.6 如圖 D11.6 所示為一雙埠網路之 V 型等效電路，求此雙埠網路之 z 參數。

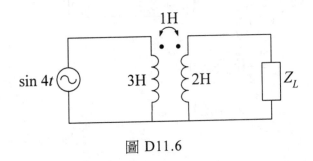

圖 D11.6

【答】$[Z] = \begin{bmatrix} j12 & j4 \\ -j4 & j8 \end{bmatrix}$

4. 格子等效電路

如圖 11.9 所示之雙埠網路可轉成如圖 11.15 之格子等效電路。

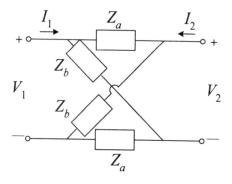

圖 11.15

圖 11.9 之 z 參數爲

$$\begin{cases} V_1 = z_{11}I_1 + z_{12}I_2 \\ V_2 = z_{21}I_1 + z_{22}I_2 \end{cases}$$

圖 11.15 之 z 參數爲

$$z_{11} = \left.\frac{V_1}{I_1}\right|_{I_2=0} = \frac{[(Z_a + Z_b)//(Z_a + Z_b)]I_1}{I_1}$$

$$= \frac{1}{2}(Z_a + Z_b)$$

$$= \frac{1}{2}(Z_a + Z_b) \qquad\qquad (11\text{-}47)$$

$$z_{12}=\frac{V_1}{I_2}\bigg|_{I_1=0}=\frac{Z_b\left(\frac{1}{2}I_2\right)-Z_a\left(\frac{1}{2}I_2\right)}{I_2}$$

$$=\frac{1}{2}\left(Z_b-Z_a\right) \qquad\qquad (11\text{-}48)$$

$$z_{21}=\frac{V_2}{I_1}\bigg|_{I_2=0}=\frac{Z_b\left(\frac{1}{2}I_1\right)-Z_a\left(\frac{1}{2}I_1\right)}{I_1}$$

$$=\frac{1}{2}\left(Z_b-Z_a\right) \qquad\qquad (11\text{-}49)$$

$$z_{22}=\frac{V_2}{I_2}\bigg|_{I_1=0}=\frac{\left[(Z_a+Z_b)//(Z_a+Z_b)\right]I_2}{I_2}$$

$$=\frac{1}{2}\left(Z_a+Z_b\right) \qquad\qquad (11\text{-}50)$$

由（11-47）與（11-48）式可知

$$Z_a=z_{11}-z_{12} \qquad\qquad\qquad (11\text{-}51)$$

$$Z_b=z_{11}+z_{12} \qquad\qquad\qquad (11\text{-}52)$$

例題 11.8

如圖 11.16 所示，求 $R_i=?$

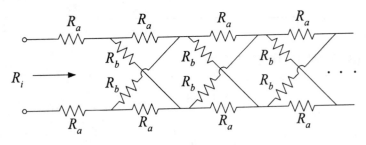

圖 11.16

【解】

(1) 先將圖 11.16 中，重複出現之格子電路求出其 z 參數

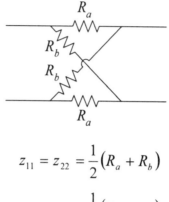

$$z_{11} = z_{22} = \frac{1}{2}\left(R_a + R_b\right)$$

$$z_{12} = z_{21} = \frac{1}{2}\left(R_b - R_a\right)$$

(2) 再將 z 參數轉換成 T 型等效電路

$$\hat{Z}_1 = z_{11} - z_{12} = R_a$$

$$\hat{Z}_2 = z_{22} - z_{21} = R_a$$

$$\hat{Z}_3 = z_{12} = z_{21} = \frac{1}{2}\left(R_b - R_a\right)$$

(3) 原圖 11.16 可轉換成

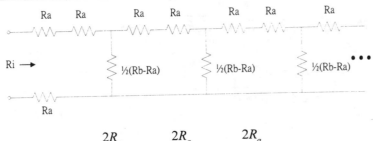

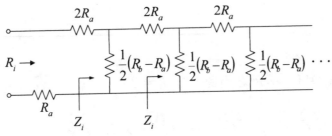

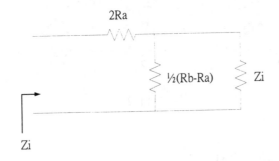

$$Z_i = 2R_a + \left(\frac{1}{2}(R_b - R_a) /\!/ Z_i \right)$$

$$= 2R_a + \frac{\frac{1}{2}(R_b - R_a)Z_i}{Z_i + \frac{1}{2}(R_b - R_a)}$$

$$Z_i{}^2 + \frac{1}{2}(R_b - R_a)Z_i = 2R_aZ_i + R_a(R_b - R_a) + \frac{1}{2}(R_b - R_a)Z_i$$

$$Z_i{}^2 - 2R_aZ_i - R_a(R_b - R_a) = 0$$

$$Z_i = R_a \pm \sqrt{R_a{}^2 + R_a(R_b - R_a)} = R_a \pm \sqrt{R_aR_b}$$

若 $R_b > R_a$ ，則 $Z_i = R_a + \sqrt{R_a R_b}$ （負號不合）

$$\therefore R_i = R_a + Z_i$$
$$= 2R_a + \sqrt{R_a R_b}$$

練習題

D11.7　如圖 D11.7 所示之電路，求 $R_i = ?$

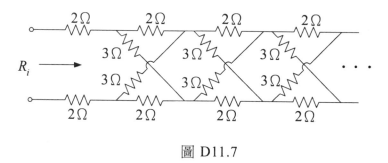

圖 D11.7

【答】 $R_i = 4 + \sqrt{6}$ 　（Ω）

11.4　雙埠網路之連接

　　雙埠網路之連接方式可區分為五種基本型式：串聯、並聯、串並聯、並串聯及串接。

1. 串聯型

　　如圖 11.17 所示之兩個雙埠網路串聯電路，若已知其個別雙埠網路之 z 參數，則整個雙埠網路之 z 參數，可由此兩個 z 參數矩陣相加獲得。

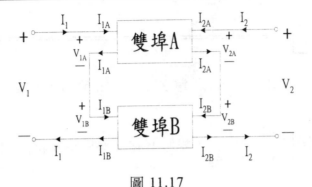

圖 11.17

已知

$$\begin{bmatrix} V_{1A} \\ V_{2A} \end{bmatrix} = \begin{bmatrix} z_{11A} & z_{12A} \\ z_{21A} & z_{22A} \end{bmatrix} \begin{bmatrix} I_{1A} \\ I_{2A} \end{bmatrix}$$

$$\begin{bmatrix} V_{1B} \\ V_{2B} \end{bmatrix} = \begin{bmatrix} z_{11B} & z_{12B} \\ z_{21B} & z_{22B} \end{bmatrix} \begin{bmatrix} I_{1B} \\ I_{2B} \end{bmatrix}$$

∵雙埠 A 與雙埠 B 為串聯關係

$$\therefore I_{1A} = I_{1B} = I_1$$
$$I_{2A} = I_{2B} = I_2$$

又

$$V_1 = V_{1A} + V_{1B}$$
$$V_2 = V_{2A} + V_{2B}$$

∴整個雙埠網路之 z 參數為

$$\begin{bmatrix} V_1 \\ V_2 \end{bmatrix} = \begin{bmatrix} V_{1A} + V_{1B} \\ V_{2A} + V_{2B} \end{bmatrix} = \begin{bmatrix} z_{11A} + z_{11B} & z_{12A} + z_{12B} \\ z_{21A} + z_{21B} & z_{22A} + z_{22B} \end{bmatrix} \begin{bmatrix} I_1 \\ I_2 \end{bmatrix}$$

亦即是

$$[Z] = [Z_A] + [Z_B] \qquad (11\text{-}53)$$

例題 **11.9**

如圖 11.18 所示之電路，已知雙埠 A 之 z 參數矩陣

$[Z_A] = \begin{bmatrix} s+1 & s \\ s & s+2 \end{bmatrix}$，雙埠 B 之 z 參數矩陣 $[Z_B] = \begin{bmatrix} \dfrac{1}{2s} & \dfrac{1}{2s} \\ \dfrac{1}{2s} & \dfrac{1}{2s} \end{bmatrix}$，求

短路電流 $i_{sc} = ?$

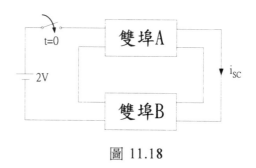

圖 11.18

【解】

整個雙埠網路之 z 參數 $[Z] = [Z_A] + [Z_B]$，表示如下：

$$\begin{bmatrix} V_1 \\ V_2 \end{bmatrix} = \begin{bmatrix} s+1+\dfrac{1}{2s} & s+\dfrac{1}{2s} \\ s+\dfrac{1}{2s} & s+2+\dfrac{1}{2s} \end{bmatrix} \begin{bmatrix} I_1 \\ I_2 \end{bmatrix}$$

$$\begin{bmatrix} \dfrac{2}{s} \\ 0 \end{bmatrix} = \begin{bmatrix} s+1+\dfrac{1}{2s} & s+\dfrac{1}{2s} \\ s+\dfrac{1}{2s} & s+2+\dfrac{1}{2s} \end{bmatrix} \begin{bmatrix} I_1 \\ I_2 \end{bmatrix}$$

利用行列式法解 I_2

$$I_2 = \frac{\begin{vmatrix} s+1+\dfrac{1}{2s} & \dfrac{2}{s} \\[3mm] s+\dfrac{1}{2s} & 0 \end{vmatrix}}{\begin{vmatrix} s+1+\dfrac{1}{2s} & s+\dfrac{1}{2s} \\[3mm] s+\dfrac{1}{2s} & s+2+\dfrac{1}{2s} \end{vmatrix}} = \frac{2+\dfrac{1}{s^2}}{2+3s+\dfrac{3}{2s}}$$

$$= -\frac{4s^2+2}{s(6s^2+4s+3)} = -\left[\frac{\dfrac{2}{3}}{s} + \frac{-\dfrac{8}{3}}{6s^2+4s+3}\right]$$

$$= -\frac{\dfrac{2}{3}}{s} + \frac{\dfrac{4}{9}\sqrt{\dfrac{18}{7}}\sqrt{\dfrac{7}{18}}}{\left(s+\dfrac{1}{3}\right)^2 + \left(\sqrt{\dfrac{7}{18}}\right)^2}$$

$$\therefore i_{sc} = -i_2 = -L^{-1}[I_2] = \frac{2}{3} - \frac{4}{9}\sqrt{\frac{18}{7}}\,e^{-\frac{t}{3}}\sin\sqrt{\frac{7}{18}}\,t$$

練習題

D11.8   如圖 D11.8 所示之電路，求其 z 參數。

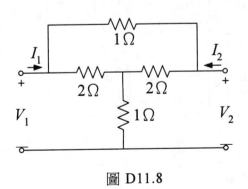

圖 D11.8

【答】$\begin{bmatrix} 2.2 & 1.8 \\ 1.8 & 2.2 \end{bmatrix}$

2. 並聯型

　　如圖 11.19 所示之兩個雙埠網路並聯電路，若已知其個別雙埠網路之 y 參數，則整個雙埠網路之 y 參數，可由此兩個 y 參數矩陣相加獲得。

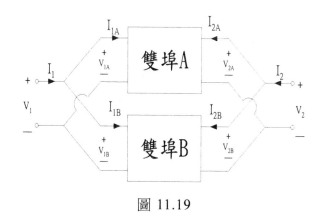

圖 11.19

已知

$$\begin{bmatrix} I_{1A} \\ I_{2A} \end{bmatrix} = \begin{bmatrix} y_{11A} & y_{12A} \\ y_{21A} & y_{22A} \end{bmatrix} \begin{bmatrix} V_{1A} \\ V_{2A} \end{bmatrix}$$

$$\begin{bmatrix} I_{1B} \\ I_{2B} \end{bmatrix} = \begin{bmatrix} y_{11B} & y_{12B} \\ y_{21B} & y_{22B} \end{bmatrix} \begin{bmatrix} V_{1B} \\ V_{2B} \end{bmatrix}$$

$\because$ 雙埠 A 與雙埠 B 為並聯關係

$$\therefore V_1 = V_{1A} = V_{1B}$$

$$V_2 = V_{2A} = V_{2B}$$

又

$$I_1 = I_{1A} + I_{1B}$$

$$I_2 = I_{2A} + I_{2B}$$

∴整個雙埠網路之 y 參數為

$$\begin{bmatrix} I_1 \\ I_2 \end{bmatrix} = \begin{bmatrix} I_{1A} + I_{1B} \\ I_{2A} + I_{2B} \end{bmatrix} = \begin{bmatrix} y_{11A} + y_{11B} & y_{12A} + y_{12B} \\ y_{21A} + y_{21B} & y_{22A} + y_{22B} \end{bmatrix} \begin{bmatrix} V_1 \\ V_2 \end{bmatrix}$$

亦即是

$$[Y] = [Y_A] + [Y_B] \tag{11-54}$$

例題 **11.10**
═══════════════════════════

如圖 11.20 所示之電路，已知雙埠 N 之 z 參數為 $\begin{bmatrix} \dfrac{2}{3} & -\dfrac{1}{3} \\ -\dfrac{1}{3} & \dfrac{2}{3} \end{bmatrix}$，求 V_1

與 V_2 之值。

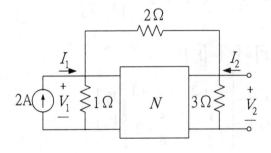

圖 11.20

【解】

將圖 11.20 重畫如下：

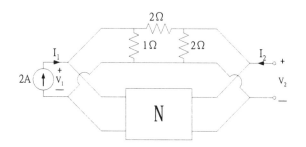

(1)

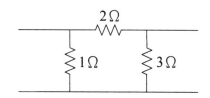

利用節點分析，可直接得到此電路之導納矩陣

$$[Y_1] = \begin{bmatrix} \dfrac{3}{2} & -\dfrac{1}{2} \\ -\dfrac{1}{2} & \dfrac{5}{6} \end{bmatrix}$$

(2) 雙埠 N 之 y 參數矩陣 $[Y_2] = [Z]^{-1} = \begin{bmatrix} 2 & 1 \\ 1 & 2 \end{bmatrix}$

$$\because [Y] = [Y_1] + [Y_2]$$

$$\therefore \begin{bmatrix} I_1 \\ I_2 \end{bmatrix} = \begin{bmatrix} \dfrac{3}{2}+2 & -\dfrac{1}{2}+1 \\ -\dfrac{1}{2}+1 & \dfrac{5}{6}+2 \end{bmatrix} \begin{bmatrix} V_1 \\ V_2 \end{bmatrix}$$

$$\begin{bmatrix} 2 \\ 0 \end{bmatrix} = \begin{bmatrix} \dfrac{7}{2} & \dfrac{1}{2} \\ \dfrac{1}{2} & \dfrac{17}{6} \end{bmatrix} \begin{bmatrix} V_1 \\ V_2 \end{bmatrix}$$

利用行列式法可解得

$$V_1 = \frac{17}{29} \quad (\mathrm{v})$$

$$V_2 = \frac{3}{29} \quad (\mathrm{v})$$

練習題

D11.9　如圖 D11.9 所示之電路，求其 y 參數。

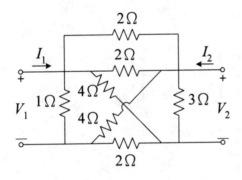

圖 D11.9

【答】 $\begin{bmatrix} \dfrac{9}{4} & -\dfrac{3}{4} \\ -\dfrac{3}{4} & \dfrac{19}{12} \end{bmatrix}$

3. 串並聯型

　　如圖 11.21 所示之電路由兩個雙埠網路串並聯所組成，若已知其個別雙埠網路之 h 參數，則整個雙埠網路之 h 參數，可由此兩個 h 參數矩陣相加獲得。

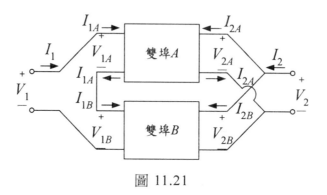

圖 11.21

已知

$$\begin{bmatrix} V_{1A} \\ I_{2A} \end{bmatrix} = \begin{bmatrix} h_{11A} & h_{12A} \\ h_{21A} & h_{22A} \end{bmatrix} \begin{bmatrix} I_{1A} \\ V_{2A} \end{bmatrix}$$

$$\begin{bmatrix} V_{1B} \\ I_{2B} \end{bmatrix} = \begin{bmatrix} h_{11B} & h_{12B} \\ h_{21B} & h_{22B} \end{bmatrix} \begin{bmatrix} I_{1B} \\ V_{2B} \end{bmatrix}$$

∵雙埠 A 與雙埠 B 為串並聯關係

$$\therefore V_1 = V_{1A} + V_{1B}$$
$$I_2 = I_{2A} + I_{2B}$$
$$I_1 = I_{1A} = I_{1B}$$
$$V_2 = V_{2A} = V_{2B}$$

∴整個雙埠網路之 h 參數為

$$\begin{bmatrix} V_1 \\ I_2 \end{bmatrix} = \begin{bmatrix} V_{1A} + V_{1B} \\ I_{2A} + I_{2B} \end{bmatrix} = \begin{bmatrix} h_{11A} + h_{11B} & h_{12A} + h_{12B} \\ h_{21A} + h_{21B} & h_{22A} + h_{22B} \end{bmatrix} \begin{bmatrix} I_1 \\ V_2 \end{bmatrix}$$

亦即是

$$[H] = [H_A] + [H_B] \tag{11-55}$$

4. 並串聯型

　　如圖 11.22 所示之電路由兩個雙埠網路並串聯所組成。若各別雙埠網路之 g 參數爲已知，則整個雙埠網路之 g 參數可由此兩個 g 參數矩陣相加獲得。

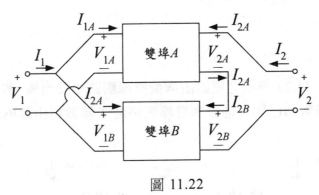

圖 11.22

　　已知

$$\begin{bmatrix} I_{1A} \\ V_{2A} \end{bmatrix} = \begin{bmatrix} g_{11A} & g_{12A} \\ g_{21A} & g_{22A} \end{bmatrix} \begin{bmatrix} V_{1A} \\ I_{2A} \end{bmatrix}$$

$$\begin{bmatrix} I_{1B} \\ V_{2B} \end{bmatrix} = \begin{bmatrix} g_{11B} & g_{12B} \\ g_{21B} & g_{22B} \end{bmatrix} \begin{bmatrix} V_{1B} \\ I_{2B} \end{bmatrix}$$

∵雙埠 A 與雙埠 B 爲並串聯關係

$$\therefore V_1 = V_{1A} = V_{1B}$$
$$I_2 = I_{2A} = I_{2B}$$
$$I_1 = I_{1A} + I_{1B}$$
$$V_2 = V_{2A} + V_{2B}$$

∴整個雙埠網路之 g 參數爲

$$\begin{bmatrix} I_1 \\ V_2 \end{bmatrix} = \begin{bmatrix} I_{1A} + I_{1B} \\ V_{2A} + V_{2B} \end{bmatrix} = \begin{bmatrix} g_{11A} + g_{11B} & g_{12A} + g_{12B} \\ g_{21A} + g_{21B} & g_{22A} + g_{22B} \end{bmatrix} \begin{bmatrix} V_1 \\ I_2 \end{bmatrix}$$

亦即是

$$[G] = [G_A] + [G_B] \qquad\qquad (11\text{-}56)$$

5. 串接型

　　如圖 11.23 所示之電路由兩個雙埠網路串接而成。若各別雙埠網路之 T 參數為已知，則整個雙埠網路之 T 參數可由此兩個 T 參數相乘得到。

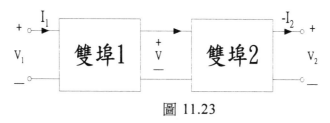

圖 11.23

已知

$$[T_1] = \begin{bmatrix} A_1 & B_1 \\ C_1 & D_1 \end{bmatrix}$$

$$[T_2] = \begin{bmatrix} A_2 & B_2 \\ C_2 & D_2 \end{bmatrix}$$

$$\because \begin{bmatrix} V_1 \\ I_1 \end{bmatrix} = [T_1] \begin{bmatrix} V \\ I \end{bmatrix}$$

$$= [T_1][T_2] \begin{bmatrix} V_2 \\ -I_2 \end{bmatrix}$$

亦即是

$$[T] = [T_1][T_2] \tag{11-57}$$

例題 **11.11**

如圖 11.24 所示之電路，求此雙埠網路之 T 參數。

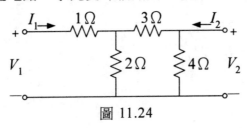

圖 11.24

【解】

$$[T] = [T_1][T_2][T_3][T_4]$$

$$= \begin{bmatrix} 1 & 1 \\ 0 & 1 \end{bmatrix} \begin{bmatrix} 1 & 0 \\ \dfrac{1}{2} & 1 \end{bmatrix} \begin{bmatrix} 1 & 3 \\ 0 & 1 \end{bmatrix} \begin{bmatrix} 1 & 0 \\ \dfrac{1}{4} & 1 \end{bmatrix}$$

$$= \begin{bmatrix} \dfrac{23}{8} & \dfrac{11}{2} \\ \dfrac{9}{8} & \dfrac{5}{2} \end{bmatrix}$$

例題 **11.12**

如圖 11.25 所示之電路，已知雙埠 A 之 z 參數為 $\begin{bmatrix} 3 & 1 \\ 1 & 2 \end{bmatrix}$，

求 V_1 與 V_2 之值為何？

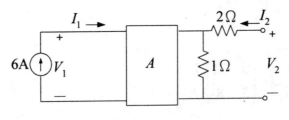

圖 11.25

【解】

(1) 將雙埠 A 之 z 參數轉換成 T 參數

$$\begin{cases} V_1 = 3I_1 + I_2 \\ V_2 = I_1 + 2I_2 \end{cases}$$ ①
  ②

由②得

$$I_1 = V_2 - 2I_2$$ ③

將③代入①

$$\begin{aligned} V_1 &= 3(V_2 - 2I_2) + I_2 \\ &= 3V_2 - 5I_2 \end{aligned}$$ ④

由④與③可知

雙埠 A 之 T 參數為 $\begin{bmatrix} 3 & 5 \\ 1 & 2 \end{bmatrix}$

(2) 整個電路之 T 參數為

$$[T] = \begin{bmatrix} 3 & 5 \\ 1 & 2 \end{bmatrix}\begin{bmatrix} 1 & 0 \\ 1 & 1 \end{bmatrix}\begin{bmatrix} 1 & 2 \\ 0 & 1 \end{bmatrix}$$

$$= \begin{bmatrix} 8 & 21 \\ 3 & 8 \end{bmatrix}$$

$$\begin{bmatrix} V_1 \\ I_1 \end{bmatrix} = \begin{bmatrix} 8 & 21 \\ 3 & 8 \end{bmatrix}\begin{bmatrix} V_2 \\ I_2 \end{bmatrix}$$

$$\begin{bmatrix} V_1 \\ 6 \end{bmatrix} = \begin{bmatrix} 8 & 21 \\ 3 & 8 \end{bmatrix}\begin{bmatrix} V_2 \\ 0 \end{bmatrix}$$

解得

$$V_1 = 16 \quad (\text{V})$$
$$V_2 = 2 \quad (\text{V})$$

練習題

D11.10 如圖 D11.10 所示之電路，已知雙埠 1 之 T 參數為 $\begin{bmatrix} 2 & 1 \\ 3 & 8 \end{bmatrix}$，求 I_1 與 V_2 之值。

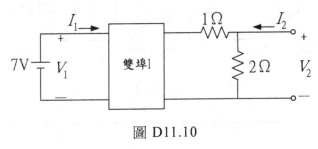

圖 D11.10

【答】$I_1 = 17 \quad (\text{A})$，$V_2 = 2 \quad (\text{V})$

11.5 雙埠參數之應用

雙埠參數可用於計算各種不同之網路函數，例如電壓比函數、電流比函數、轉移阻抗函數與轉移導納函數等。

如圖 11.1 所示之雙埠網路，若埠 2 開路（$I_2 = 0$），則根據 z 參數之定義（11-1）式，可求得電壓比函數：

$$\frac{V_2}{V_1} = \frac{z_{21}I_1}{z_{11}I_1} = \frac{z_{21}}{z_{11}} \tag{11-58}$$

同樣地，若埠 2 短路（$V_2 = 0$），則根據 y 參數之定義（11-3）式可

得電流比函數：

$$\frac{I_2}{I_1} = \frac{y_{21}V_1}{y_{11}V_1} = \frac{y_{21}}{y_{11}} \tag{11-59}$$

例題 **11.13**

求圖 11.26 雙埠網路 N 之電壓比函數（$\dfrac{V_2}{V_1}$）與電流比函數（$\dfrac{I_2}{I_1}$）之值。

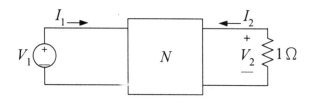

圖 11.26

【解】

由題意知 $V_2 = -I_2 \Rightarrow I_2 = -V_2$ ①

(1) 電壓比函數 $\dfrac{V_2}{V_1}$

$$\because \begin{cases} I_1 = y_{11}V_1 + y_{12}V_2 & ② \\ I_2 = y_{21}V_1 + y_{22}V_2 & ③ \end{cases}$$

將①代入③可得

$$-V_2 = y_{21}V_1 + y_{22}V_2$$

$$\therefore 電壓比 \ \frac{V_2}{V_1} = \frac{-y_{21}}{1 + y_{22}}$$

(2)　電流比 $\dfrac{I_2}{I_1}$

$$\because \begin{cases} V_1 = z_{11}I_1 + z_{12}I_2 & \text{④} \\ V_2 = z_{21}I_1 + z_{22}I_2 & \text{⑤} \end{cases}$$

將①帶入⑤可得

$$-I_2 = z_{21}I_1 + z_{22}I_2$$

$$\therefore 電流比\ \dfrac{I_2}{I_1} = \dfrac{-z_{21}}{1 + z_{22}}$$

練習題

D11.11　求圖 D11.11 之電壓比函數 $\dfrac{V_2}{V_1} = ?$

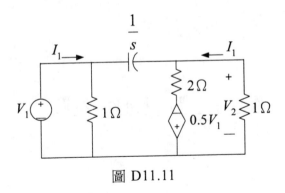

圖 D11.11

【答】 $\dfrac{V_2}{V_1} = \dfrac{4s-1}{4s+6}$

如圖 11.27 所示之電路，雙埠網路之輸入電源為 V_s，電源內阻抗為 Z_s 且輸出埠之負載阻抗為 Z_L，則此電路之各種不同之網路函數可由下列計算得到。

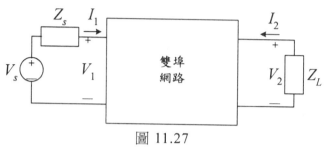

圖 11.27

$$\because V_1 = V_s - Z_s I_1$$

$$I_2 = -\frac{V_2}{Z_L}$$

$\therefore$ 雙埠網路之 z 參數可寫成

$$V_s - Z_s I_1 = z_{11} I_1 - z_{12}\left(\frac{V_2}{Z_L}\right) \tag{11-60}$$

$$V_2 = z_{21} I_1 - z_{22}\left(\frac{V_2}{Z_L}\right) \tag{11-61}$$

整理可得

$$I_1 = \frac{V_s + (z_{12}/Z_L)V_2}{z_{11} + Z_s} = \frac{V_2 + (z_{22}/Z_L)V_2}{z_{21}}$$

解得電壓比

$$\frac{V_2}{V_s} = \frac{z_{21} Z_L}{(z_{11} + Z_s)(z_{22} + Z_L) - z_{12} z_{21}} \tag{11-62}$$

將（11-62）兩邊同除以（$-Z_L$）可得轉移導納函數

$$\frac{I_2}{V_s} = \frac{-z_{21}}{(z_{11} + Z_s)(z_{22} + Z_L) - z_{12} z_{21}} \tag{11-63}$$

又　$V_2 = z_{21}I_1 + z_{22}I_2 = -Z_L I_2$

∴電流比函數

$$\frac{I_2}{I_1} = \frac{-z_{21}}{z_{22} + Z_L} \qquad (11\text{-}64)$$

∵$V_2 = -Z_L I_2 = -Z_L \left(\frac{-z_{21}}{z_{22} + Z_L} \right) I_1$

∴轉移阻抗

$$\frac{V_2}{I_1} = \frac{z_{21}Z_L}{z_{22} + Z_L} \qquad (11\text{-}65)$$

合併（11-60）與（11-65）可得

$$V_s = Z_s I_1 + z_{11}I_1 - z_{12} \left(\frac{1}{Z_L} \right) \left(\frac{z_{21}Z_L}{z_{22} + Z_L} \right) I_1$$

$$= \left(Z_s + z_{11} - \frac{z_{12}z_{21}}{z_{22} + Z_L} \right) I_1$$

∴輸入阻抗函數

$$\frac{V_s}{I_1} = Z_s + z_{11} - \frac{z_{12}z_{21}}{z_{22} + Z_L} \qquad (11\text{-}66)$$

例題 **11.14**

已知圖 11.28 雙埠網路 N 之 z 參數為 $\begin{bmatrix} 1+\dfrac{1}{s} & \dfrac{1}{s} \\ \dfrac{1}{s} & 1+\dfrac{1}{s} \end{bmatrix}$，求電壓比函數

$\dfrac{V_2}{V_s}$ 之值。

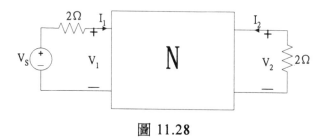

圖 11.28

【解】

已知雙埠網路 N 之 z 參數

$$z_{11} = z_{22} = 1 + \frac{1}{s}$$

$$z_{12} = z_{21} = \frac{1}{s}$$

且電源阻抗 $Z_s = 2$，負載阻抗 $Z_L = 2$

利用（11-62）式可得

$$\frac{V_2}{V_s} = \frac{z_{21}Z_L}{(z_{11} + Z_s)(z_{22} + Z_L) - z_{12}z_{21}}$$

$$= \frac{\dfrac{2}{s}}{\left(3 + \dfrac{1}{s}\right)\left(3 + \dfrac{1}{s}\right) - \left(\dfrac{1}{s}\right)^2} = \frac{2}{9s + 6}$$

11.6 結論

本章針對雙埠網路相關內容作一介紹。首先是對各種常用之參數下定義。這些參數包括 z 參數、y 參數、混合 h 參數、混合 g 參數與 T 參數（傳輸參數）。對於一給定之雙埠網路，這些參數都可以經由對輸入

埠或輸出埠做適當之短路或開路而由計算或測量得到。

　　因爲這些各種不同之參數都可用來描述同一系統之響應，因此，各參數可以利用適當之計算而可由任一參數轉換成另一參數。同時，本章又討論各種參數與等效電路之轉換。這些等效電路包括 T 型、π 型、V 型與格子等效電路。最後則介紹雙埠網路之連結與雙埠網路參數於計算各種不同網路函數之應用。

第十二章 三相電路

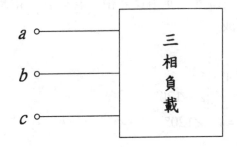

12.1 平衡三相電壓

12.2 平衡三相負載

12.3 三相功率量測

12.4 不平衡三相電路

12.5 結論

12.1　平衡三相電壓

　　平衡三相電壓是由三個振幅大小相同、頻率相同且相角彼此相差 120°之弦波電壓所組成。電源線端對中性點之電壓稱為相電壓，同時稱此三相電源分別為 a 相、b 相及 c 相，若以 a 相電壓為參考電壓，則此三相電壓可表示成

$$\begin{cases} V_{an} = \left|V_p\right| \angle 0° \\ V_{bn} = \left|V_p\right| \angle -120° \\ V_{cn} = \left|V_p\right| \angle 120° \end{cases} \tag{12-1}$$

或

$$\begin{cases} V_{an} = \left|V_p\right| \angle 0° \\ V_{bn} = \left|V_p\right| \angle 120° \\ V_{cn} = \left|V_p\right| \angle -120° \end{cases} \tag{12-2}$$

其中 $\left|V_p\right|$ 表示相電壓有效值之大小。

　　在（12-1）式中所表示之電壓順序稱為正相序或 abc 相序，亦即是以 a 相為參考電壓，b 相落後 a 相 120°，而 c 相領先 a 相 120°，如圖 12.1（a）所示。而在（12-2）式之三相電壓順序稱為負相序或 acb 相序，代表以 a 相電壓為參考，b 相領先 a 相 120°，而 c 相領落後 a 相 120°，如圖 12.1（b）所示。

　　值得注意的是，在平衡三相電壓中，不論正相序或負相序，其三相電壓總合為零。亦即是

$$V_{an} + V_{bn} + V_{cn} = 0 \tag{12-3}$$

而 a 相、b 相及 c 相電源連接方式有兩種，一為 Y 接，另一為 Δ 接。

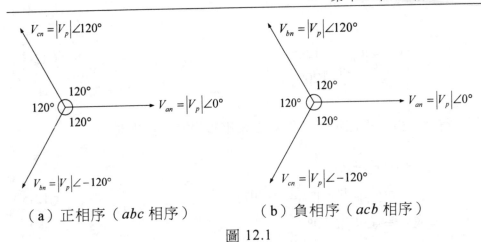

（a）正相序（*abc* 相序）　　（b）負相序（*acb* 相序）

圖 12.1

此外，因正、負相序之差別只在於端點 *a*、*b*、*c* 的選擇，因此對一般原則兩相序皆適用，在本章只針對正相序電壓進行討論。

12.1.1　平衡 Y 接三相電源

如圖 12.2 所示為一具有中性線連接之平衡 Y 接三相電源

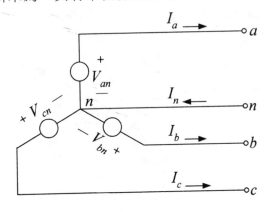

圖 12.2

若已知相電壓

$$\begin{cases} V_{an} = |V_p|\angle 0° \\ V_{bn} = |V_p|\angle -120° \\ V_{cn} = |V_p|\angle 120° \end{cases}\qquad（12\text{-}4）$$

則線電壓（線對線電壓）可以經由相電壓得到，亦即是

$$\begin{aligned} V_{ab} &= V_{an} - V_{bn} \\ &= |V_p|\angle 0° - |V_p|\angle -120° \qquad（12\text{-}5） \\ &= \sqrt{3}|V_p|\angle 30° \end{aligned}$$

同理

$$V_{bc} = \sqrt{3}|V_p|\angle -90°$$

$$V_{ca} = \sqrt{3}|V_p|\angle 150°$$

　　因此，我們可以得知，在平衡 Y 接三相電源中，線電壓為相電壓之 $\sqrt{3}$ 倍，且其角度領先相電壓 30°，同時線電流等於相電流。圖 12.3 所示為線電壓和相電壓之向量圖。

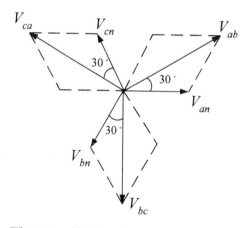

圖 12.3　線電壓與相電壓之相量圖

三相電源所送出之三相總實功率為

$$P = 3 \left| V_p \right| \left| I_p \right| \cos \theta$$

$$= 3 \frac{\left| V_l \right|}{\sqrt{3}} \left| I_l \right| \cos \theta$$

$$= \sqrt{3} \left| V_l \right| \left| I_l \right| \cos \theta \qquad (12\text{-}6)$$

其中

$\left| V_p \right|$：相電壓大小

$\left| V_l \right|$：線電壓大小

$\left| I_p \right|$：相電流大小

$\left| I_l \right|$：線電流大小

θ：相電壓與相電流之夾角

三相總虛功率

$$Q = 3 \left| V_p \right| \left| I_p \right| \sin \theta$$

$$= 3 \frac{\left| V_l \right|}{\sqrt{3}} \left| I_l \right| \sin \theta$$

$$= \sqrt{3} \left| V_l \right| \left| I_l \right| \sin \theta \qquad (12\text{-}7)$$

三相總複功率

$$S = P + jQ = 3 V_p I_p{}^*$$

$$= \sqrt{3} \left| V_l \right| \left| I_l \right| (\cos \theta + j \sin \theta) \qquad (12\text{-}8)$$

其中*代表複數之共軛運算

三相總視在功率

$$\begin{aligned}|S| &= \sqrt{P^2 + Q^2} \\ &= \sqrt{3}|V_l||I_l|\end{aligned}$$

（12-9）

12.1.2 平衡△接三相電源

如圖 12.4 所示為一平衡△接三相電源

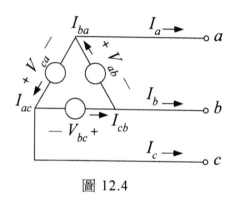

圖 12.4

若已知三相電源每相之相電流大小為 $|I_P|$，則

$$\begin{cases} I_{ba} = |I_p|\angle 0° \\ I_{cb} = |I_p|\angle -120° \\ I_{ac} = |I_p|\angle 120° \end{cases}$$

（12-10）

則線電流可由相電流得知，亦即是

$$\begin{aligned} I_a &= I_{ba} - I_{ac} \\ &= |I_p|\angle 0° - |I_p|\angle 120° \\ &= |I_p|\angle -30° \end{aligned}$$

（12-11）

同理

$$I_b = |I_p| \angle -150°$$

$$I_c = |I_p| \angle 90°$$

因此我們可以得知，在平衡△接三相電源中，線電流為相電流之 $\sqrt{3}$ 倍，且其角度落後相電流 30°；此外，線電壓等於相電壓。圖 12.5 所示為線電流與相電流之相量圖。

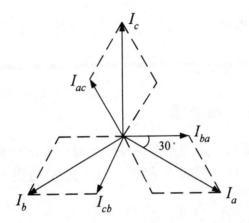

圖 12.5　線電流與相電流之相量圖

三相電源所送出之三相總實功率為

$$P = 3|V_p||I_p|\cos\theta$$

$$= 3|V_l|\frac{|I_l|}{\sqrt{3}}\cos\theta$$

$$= \sqrt{3}|V_l||I_l|\cos\theta \tag{12-12}$$

三相總虛功率

$$Q = 3|V_p||I_p|\sin\theta$$

$$= 3|V_l|\frac{|I_l|}{\sqrt{3}}\sin\theta$$

$$= \sqrt{3}|V_l||I_l|\sin\theta \tag{12-13}$$

三相總複功率

$$S = P + jQ = 3V_p I_p^*$$
$$= \sqrt{3}|V_l\|I_l|(\cos\theta + j\sin\theta)$$

（12-14）

三相總視在功率

$$|S| = \sqrt{P^2 + Q^2}$$
$$= \sqrt{3}|V_l\|I_l|$$

（12-15）

12.2　平衡三相負載

　　所謂平衡三相負載是指三相電路中，每一相之負載阻抗皆相同。三相負載之連接方式可區分成 Y 接與△接，此 Y 接與△接之負載阻抗可以互相轉換。

12.2.1　平衡 Y 接三相負載

　　如圖 12.6 所示之平衡 Y 接三相負載，

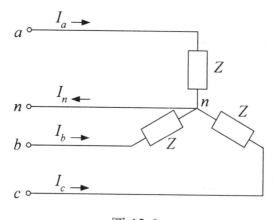

圖 12.6

若已知

$$\begin{cases} V_{an} = \left|V_p\right|\angle 0° \\ V_{bn} = \left|V_p\right|\angle -120° \\ V_{cn} = \left|V_p\right|\angle 120° \end{cases}$$ （12-16）

則線電壓

$$\begin{aligned} V_{ab} &= V_{an} - V_{bn} \\ &= \left|V_p\right|\angle 0° - \left|V_p\right|\angle -120° \\ &= \sqrt{3}\left|V_p\right|\angle 30° \end{aligned}$$ （12-17）

同理

$$V_{bc} = \sqrt{3}\left|V_p\right|\angle -90°$$

$$V_{ca} = \sqrt{3}\left|V_p\right|\angle 150°$$

令負載阻抗 $Z = \left|Z\right|\angle\theta$，則電流

$$I_a = \frac{V_{an}}{Z} = \frac{\left|V_p\right|\angle 0°}{\left|Z\right|\angle\theta} = \frac{\left|V_p\right|}{\left|Z\right|}\angle -\theta$$

$$= \left|I\right|\angle -\theta \qquad 其中 \qquad \left|I\right| = \frac{\left|V_p\right|}{\left|Z\right|}$$ （12-18）

$$I_b = \frac{V_{bn}}{Z} = \frac{\left|V_p\right|\angle -120°}{\left|Z\right|\angle\theta} = \frac{\left|V_p\right|}{\left|Z\right|}\angle -120° -\theta$$

$$= \left|I\right|\angle -120° -\theta$$

$$I_c = \frac{V_{cn}}{Z} = \frac{\left|V_p\right|\angle 120°}{\left|Z\right|\angle\theta} = \frac{\left|V_p\right|}{\left|Z\right|}\angle 120° -\theta$$

$$= \left|I\right|\angle 120° -\theta$$

如圖 12.7 所示為平衡 Y 接三相負載之電壓與電流相量圖，在此圖中，我們可以發現線電壓為負載電壓之 $\sqrt{3}$ 倍，且其角度領先相電壓 30°；此外，線電流等於相電流。且中性線之電流

$$I_n = I_a + I_b + I_c = 0$$

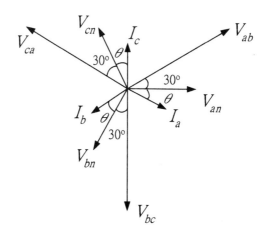

圖 12.7 平衡 Y 接三相負載之電壓與電流相量圖

三相負載所吸收之總實功率為

$$P = 3\left|V_p\right|\left|I_p\right|\cos\theta$$

$$= 3\frac{\left|V_l\right|}{\sqrt{3}}\left|I_l\right|\cos\theta$$

$$= \sqrt{3}\left|V_l\right|\left|I_l\right|\cos\vartheta$$

（12-19）

三相總虛功率為

$$Q = 3\left|V_p\right|\left|I_p\right|\sin\theta$$

$$= 3\frac{\left|V_l\right|}{\sqrt{3}}\left|I_l\right|\sin\theta$$

$$= \sqrt{3}\left|V_l\right|\left|I_l\right|\sin\theta$$

（12-20）

三相總複功率

$$S = P + jQ = 3V_p I_p{}^*$$
$$= \sqrt{3}|V_l||I_l|(\cos\theta + j\sin\theta)$$

（12-21）

三相總視在功率

$$|S| = \sqrt{P^2 + Q^2}$$
$$= \sqrt{3}|V_l||I_l|$$

（12-22）

12.2.2　平衡△接三相負載

如圖 12.8 所示之平衡△接三相負載，

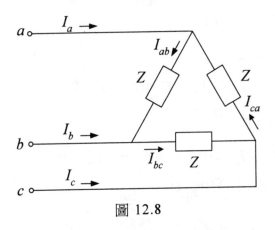

圖 12.8

若已知

$$\begin{cases} V_{ab} = |V_p|\angle 0° \\ V_{bc} = |V_p|\angle -120° \\ V_{ca} = |V_p|\angle 120° \end{cases}$$

（12-23）

令負載阻抗 $Z = |Z|\angle\theta$，則相電流

$$I_{ab} = \frac{V_{ab}}{Z} = \frac{|V_p|\angle 0°}{|Z|\angle \theta} = \frac{|V_p|}{|Z|}\angle -\theta$$

$$= |I|\angle -\theta \qquad \text{其中} \quad |I| = \frac{|V_p|}{|Z|} \qquad (12\text{-}24)$$

$$I_{bc} = \frac{V_{bc}}{Z} = \frac{|V_p|\angle -120°}{|Z|\angle \theta} = \frac{|V_p|}{|Z|}\angle -120° -\theta$$

$$= |I|\angle -120° -\theta$$

$$I_{ca} = \frac{V_{ca}}{Z} = \frac{|V_p|\angle 120°}{|Z|\angle \theta} = \frac{|V_p|}{|Z|}\angle 120° -\theta$$

$$= |I|\angle 120° -\theta$$

線電流

$$I_a = I_{ab} - I_{ca} = |I|\angle -\theta - |I|\angle 120° -\theta$$
$$= \sqrt{3}|I|\angle -\theta -30° \qquad (12\text{-}25)$$

$$I_b = I_{bc} - I_{ab} = |I|\angle -120° -\theta - |I|\angle -\theta$$
$$= \sqrt{3}|I|\angle -150° -\theta$$

$$I_c = I_{ca} - I_{bc} = |I|\angle 120° -\theta - |I|\angle -120° -\theta$$
$$= \sqrt{3}|I|\angle 90° -\theta$$

因此，我們可以得知在平衡Δ接三相負載電路中，線電流爲相電流之$\sqrt{3}$倍，且其角度落後相電流30°；同時，線電壓等於相電壓。圖12.9爲平衡Δ接三相負載之電壓與電流相量圖。

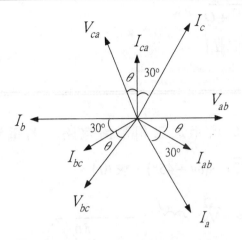

圖 12.9 為平衡 Δ 接三相負載之電壓與電流相量圖

三相負載所吸收之總實功率為

$$P = 3\left|V_p\right|\left|I_p\right|\cos\theta$$

$$= 3\left|V_l\right|\frac{\left|I_l\right|}{\sqrt{3}}\cos\theta$$

$$= \sqrt{3}\left|V_l\right|\left|I_l\right|\cos\theta \tag{12-26}$$

三相總虛功率

$$Q = 3\left|V_p\right|\left|I_p\right|\sin\theta$$

$$= 3\left|V_l\right|\frac{\left|I_l\right|}{\sqrt{3}}\sin\theta$$

$$= \sqrt{3}\left|V_l\right|\left|I_l\right|\sin\theta \tag{12-27}$$

三相總複功率

$$S = P + jQ = 3V_p I_p^{*}$$

$$= \sqrt{3}\left|V_l\right|\left|I_l\right|\left(\cos\theta + j\sin\theta\right) \tag{12-28}$$

三相總視在功率

$$|S| = \sqrt{P^2 + Q^2}$$
$$= \sqrt{3}|V_l||I_l|$$

（12-29）

例題 **12.1**

如圖 12.10 所示之三相平衡電路，若電源為正相序，且

$V_{ab} = 100\sqrt{2}\cos(\omega t + 45°)$，求 $i(t)$。

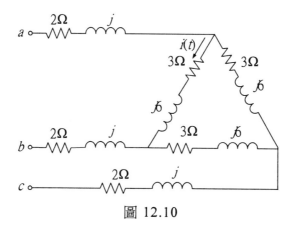

圖 12.10

【解】將 Δ 接負載轉換成 Y 接負載

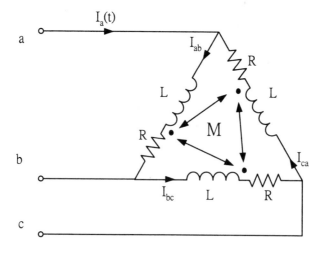

$\because V_{ab} = 100 \angle 45°$

$\therefore V_{an} = \dfrac{100}{\sqrt{3}} \angle 45° - 30° = 57.74 \angle 15°$

$I_a = \dfrac{V_{an}}{(2+j) + (1+j2)} = \dfrac{57.74 \angle 15°}{4.24 \angle 45°}$

$\qquad = 13.62 \angle -30°$

$\because$對 Δ 接三相平衡負載而言，相電流為線電流之 $\dfrac{1}{\sqrt{3}}$，且其角

度領先線電流 30°。

$\therefore I = \dfrac{13.62}{\sqrt{3}} \angle -30° + 30° = 7.86 \angle 0°$

$i(t) = 7.86\sqrt{2}\cos(\omega t) = 11.12\cos\omega t \quad \text{(A)}$

例題 **12.2**

如圖 12.11 所示之 Y 接三相平衡負載電路，若電源為正相序，且

$Z = 50\angle 30°\ (\Omega)$，$V_{ab} = 100\sqrt{3}\angle 0°\,(\text{V})$，試畫出線電壓、相電壓及

線電流之相量圖，並求出負載所吸收之三相總實功率為何？

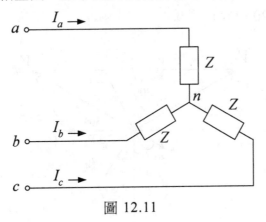

圖 12.11

【解】

由題意知

$$V_{ab} = 100\sqrt{3}\angle 30°$$

$$V_{bc} = 100\sqrt{3}\angle 30° - 120° = 100\sqrt{3}\angle -90°$$

$$V_{ca} = 100\sqrt{3}\angle 30° + 120° = 100\sqrt{3}\angle 150°$$

$$V_{an} = \frac{V_{ab}}{\sqrt{3}}\angle -30° = \frac{100\sqrt{3}}{\sqrt{3}}\angle 30° - 30° = 100\angle 0°$$

$$V_{bn} = 100\angle 0° - 120° = 100\angle -120°$$

$$V_{cn} = 100\angle 0° + 120° = 100\angle 120°$$

$$I_a = \frac{V_{an}}{Z} = \frac{100\angle 0°}{50\angle 30°} = 2\angle -30° \quad (A)$$

$$I_b = \frac{V_{bn}}{Z} = \frac{100\angle -120°}{50\angle 30°} = 2\angle -150° \quad (A)$$

$$I_c = \frac{V_{cn}}{Z} = \frac{100\angle 120°}{50\angle 30°} = 2\angle 90° \quad (A)$$

三相總實功率

$$P = 3\left|V_p\right|\left|I_p\right|\cos\theta = 3 \times 100 \times 2 \times \cos\left(0° - \left(-30°\right)\right)$$
$$= 520 \quad (W)$$

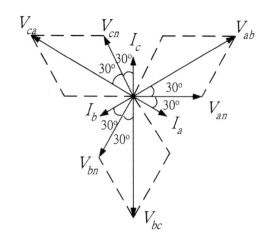

練習題 ──────────────────────────────

D12.1 一 Y 接平衡三相正相序電源，$V_{ab} = 200\sqrt{3}\sin\omega t$ (V)，供給一 Y

接平衡三相負載，其總實功為 600（W），功因為 0.8 落後，求

每相之負載阻抗大小為何？

【答】 $160\angle 36.87°$ （Ω）

練習題 ──────────────────────────────

D12.2 如圖 D12.2 所示之三相平衡正相序電路，若 $V_{ab} = 100\angle 0°$，求

線電流 I_a 之大小為何？

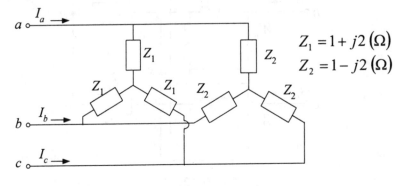

$Z_1 = 1 + j2$ （Ω）
$Z_2 = 1 - j2$ （Ω）

【答】 23.1（A）

12.3 三相功率測量

　　對於任一三相電路功率之測量，若可以利用一個瓦特計分別測量每一相之功率，則將瓦特計讀值之總合即為在任何情況下三相系統之總功率。實際上，這種測量功率之方式是正確但不實用，其理由為必須找出

連接負載之中性點，對於Δ接之負載而言，中性點並不存在；即使是 Y 接之負載，雖有中性點，但未必具有適當之引線可供連接。此外，對於 Δ 接之負載，其流經每一相之電流不易與瓦特計之電流線圈串聯，因此不易測量其相電流。

我們可以利用兩個瓦特計連接於負載之 a、b 及 c 相接線上，即可進行功率量測，且此法不論負載平衡與否均可使用，其原理介紹如下。

考慮如圖 12.12 所示之電路，共有三個瓦特計連接至三相 Y 接負載，使得任一瓦特計之電流線圈與各相線路串聯；電壓線圈之一端分別接於各相線路上，另一端則共同接於 x 點上。

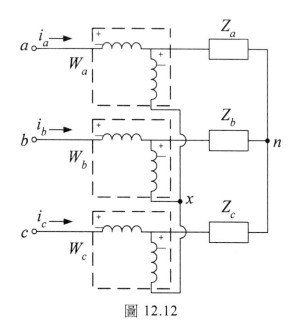

圖 12.12

則負載所吸收之總功率

$$P = W_a + W_b + W_c = \frac{1}{T}\int_0^T \left(v_{ax}i_a + v_{bx}i_b + v_{cx}i_c\right)dt \qquad （12\text{-}30）$$

因 x 點是任意選擇的，所以

$$v_{ax} = v_{an} + v_{nx}$$
$$v_{bx} = v_{bn} + v_{nx}$$

$$v_{cx} = v_{cn} + v_{nx}$$

$$\therefore P = \frac{1}{T}\int_0^T \left(v_{an}i_a + v_{bn}i_b + v_{cn}i_c\right)dt + \frac{1}{T}\int_0^T v_{nx}\left(i_a + i_b + i_c\right)dt$$

$$= \frac{1}{T}\int_0^T \left(v_{an}i_a + v_{bn}i_b + v_{cn}i_c\right)dt \quad \left(\because i_a + i_b + i_c = 0\right) \qquad (12\text{-}31)$$

其中 T 為電源之週期，v 與 i 為線電壓與線電流之瞬時值。（12-31）式證實不論 x 點之電位為何，此三個瓦特計讀值之總和即為三相負載所吸收之總功率。

如圖 12.13 所示，若將 x 點設於 b 相之線上，則（12-31）式之結果依然成立，只是因該瓦特計之電壓線圈所測得之電壓值為零，而使該線瓦特計之讀值為零而可以移除該瓦特計。此時僅使用兩個瓦特計即可測量三相功率，此法稱為兩瓦特計法。

$$P = W_a + W_c \qquad\qquad\qquad\qquad (12\text{-}32)$$

其中

$$W_a = \left|V_{ab}\right|\left|I_a\right|\cos\theta_1 \qquad (\theta_1 為 V_{ab} 與 I_a 之相角差)$$

$$W_c = \left|V_{cb}\right|\left|I_c\right|\cos\theta_2 \qquad (\theta_2 為 V_{cb} 與 I_c 之相角差)$$

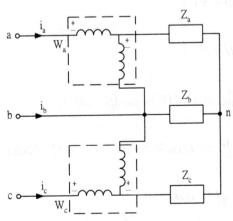

圖 12.13 兩瓦特計測量三相功率

假設圖 12.13 之三相 Y 接負載爲電感性且三相平衡，亦即是

$$Z_a = Z_b = Z_c = |Z|\angle\theta$$

若以 V_{an} 爲參考相位，則圖 12.13 正相序電壓與電流之相量圖如圖 12.14 所示。

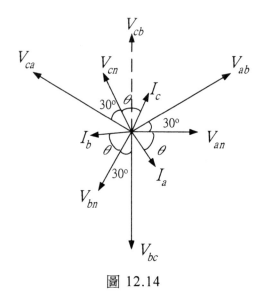

圖 12.14

$$W_a = |V_l||I_l|\cos(\theta + 30°)$$

（12-33）

$$W_c = |V_l||I_l|\cos(\theta - 30°)$$

（12-34）

$$W_a + W_c = |V_l||I_l|[\cos(\theta + 30°) + \cos(\theta - 30°)]$$

$$= |V_l||I_l|[(\cos\theta\cos 30° - \sin\theta\sin 30°) + (\cos\theta\cos 30° + \sin\theta\sin 30°)]$$

$$= \sqrt{3}|V_l||I_l|\cos\theta$$

（12-35）

$$W_c - W_a = |V_l||I_l|\left[\cos(\theta - 30°) - \cos(\theta + 30°)\right]$$
$$= |V_l||I_l|(2\sin\theta\sin 30°)$$
$$= |V_l||I_l|\sin\theta \tag{12-36}$$

三相負載之總實功率

$$P = W_a + W_c \tag{12-37}$$

三相負載之總虛功率

$$Q = \sqrt{3}(W_c - W_a) \tag{12-38}$$

功因角（阻抗角）

$$\theta = \tan^{-1}\left(\frac{Q}{P}\right) = \tan^{-1}\left[\frac{\sqrt{3}(W_c - W_a)}{W_a + W_c}\right] \tag{12-39}$$

由（12-33）及（12-34）可知，以兩瓦特計測量平衡負載之三相功率具有下列性質：

1. 若功率因數大於 0.5 時（即 $\theta < 60°$ 時），瓦特計 W_a 與 W_c 之值皆爲正。
2. 若功率因數等於 0.5 時（即 $\theta = 60°$ 時），瓦特計 W_a 之值爲零。
3. 若功率因數小於 0.5 時（即 $\theta > 60°$ 時），瓦特計 W_a 之值爲負。
4. 若相序相反時，瓦特計 W_a 與 W_c 之值恰爲互調。

例題 **12.3**

如圖 12.13 所示之三相平衡正相序電源，已知 $V_{ab} = 120\sqrt{3}\angle 30°$ (V)，若 $Z_a = Z_b = Z_c = 4 + j3$ (Ω)，試求

(1) 瓦特計 W_a 與 W_c 之讀值。

(2) 證明三相負載總實功率 $P = W_a + W_c$。

(3)　證明三相負載總虛功率 $Q = \sqrt{3}\left(W_c - W_a\right)$。

【解】

$$V_{ab} = V_l = 120\sqrt{3}\angle 30°$$

$$V_{an} = 120\angle 0°$$

$$Z = 4 + j3 = 5\angle 36.87°$$

$$I_a = \frac{V_{an}}{Z}$$

$$= \frac{120\angle 0°}{5\angle 36.87°} = 24\angle - 36.87°$$

(1)

$$W_a = |V_l|\,|I_l|\cos(\theta + 30°)$$
$$= 120\sqrt{3} \times 24 \times \cos(36.87° + 30°)$$
$$= 1959.5 \quad (\text{W})$$

$$W_c = |V_l|\,|I_l|\cos(\theta - 30°)$$
$$= 120\sqrt{3} \times 24 \times \cos(36.87° - 30°)$$
$$= 4952.5 \quad (\text{W})$$

(2)　三相總實功率

$$P = 3 \times (24)^2 \times 4 = 6912 \quad (\text{W})$$

$$W_a + W_c = 1959.5 + 4952.5 = 6912 \quad (\text{W})$$
$$\therefore P = W_a + W_c = 6912 \qquad 故得證。$$

(3)　三相總虛功率

$$Q = 3(24)^2 \times 3 = 5184 \quad (\text{Var})$$

$$\sqrt{3}\left(W_c - W_a\right) = \sqrt{3}\left(4952.5 - 1959.5\right) = 5184 \quad \text{(Var)}$$

$$\therefore Q = \sqrt{3}\left(W_c - W_a\right) = 5184 \text{故得證}。$$

例題 12.4

如圖 12.15 之電路，已知電源為平衡負相序，已知 $V_{ab} = 120\angle - 30°$ (V)，試求

(1)　　I_a、I_b 與 I_c 之值。

(2)　　瓦特計 W_a 與 W_b 之讀值。

(3)　　證明三相負載總實功率 $P = W_a + W_b$。

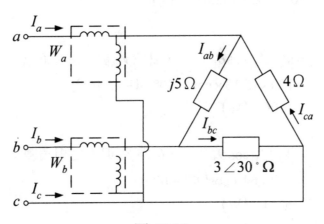

圖 12.15

【解】

由題意知

$$V_{ab} = 120\angle - 30°$$
$$V_{bc} = 120\angle 90°$$
$$V_{ca} = 120\angle -150°$$

$$I_{ab} = \frac{V_{ab}}{Z_{ab}} = \frac{120\angle -30°}{5\angle 90°} = 24\angle -120° \quad (A)$$

$$I_{bc} = \frac{V_{bc}}{Z_{bc}} = \frac{120\angle 90°}{3\angle 30°} = 40\angle 60° \quad (A)$$

$$I_{ca} = \frac{V_{ca}}{Z_{ca}} = \frac{120\angle -150°}{4\angle 0°} = 30\angle -150° \quad (A)$$

(1)

$$\begin{aligned} I_a &= I_{ab} - I_{ca} = 24\angle -120° - 30\angle -150° \\ &= 15.13\angle -22.46° \quad (A) \end{aligned}$$

$$\begin{aligned} I_b &= I_{bc} - I_{ab} = 40\angle 60° - 24\angle -120° \\ &= 64\angle 60° \quad (A) \end{aligned}$$

$$\begin{aligned} I_c &= I_{ca} - I_{bc} = 30\angle -150° - 40\angle 60° \\ &= 67.66\angle -132.81° \quad (A) \end{aligned}$$

(2)

$$\begin{aligned} W_a &= |V_{ab}||I_a|\cos\theta_1 \qquad (\theta_1 為 V_{ab} 與 I_a 之相角差) \\ &= 120 \times 15.13 \times \cos(-30° - (-22.46°)) \\ &= 1106 \quad (W) \end{aligned}$$

$$\begin{aligned} W_b &= |V_{bc}||I_b|\cos\theta_2 \qquad (\theta_2 為 V_{bc} 與 I_b 之相角差) \\ &= 120 \times 64 \times \cos(90° - 60°) \\ &= 6651 \quad (W) \end{aligned}$$

(3)　　三相負載總實功率

$$\begin{aligned} P &= P_{ab} + P_{bc} + P_{ca} \\ &= 24^2 \times 0 + 40^2 \times (3\cos 30°) + 30^2 \times 4 \\ &= 7757 \quad (W) \end{aligned}$$

$$P = W_a + W_b = 1106 + 6651 = 7757 \ (W) \qquad 故得證。$$

練習題

D12.3　如圖 D12.3 所示之電路，已知正相序三相平衡電源，且
$V_{ab} = 100\angle 30° \ (\text{V})$，$Z = 30\angle 30° \ (\Omega)$，試求瓦特計 W_a 與 W_c 之
讀值爲何？

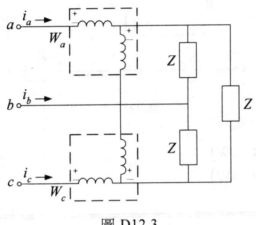

圖 D12.3

【答】

$W_a = 500 \quad (\text{W})$

$W_c = 1000 \quad (\text{W})$

練習題 ───────────────────────────────

D12.4　如圖 D12.4 所示之電路，已知正相序三相平衡電源，且
$V_{ab} = 100\angle 0° \ (V)$，$Z = 100\angle 30° \ (\Omega)$，試求瓦特計 W_a 與 W_b 之
讀值爲何？

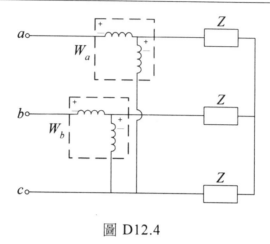

圖 D12.4

【答】

$$W_a = 57.74 \quad \text{(W)}$$
$$W_b = 28.87 \quad \text{(W)}$$

12.4 不平衡三相電路

若一三相電路具有下列情況之一者，即為不平衡三相電路。

(1) 不平衡電源。
(2) 不平衡電源阻抗。
(3) 不平衡線路阻抗。
(4) 不平衡負載。

例題 12.5

如圖 12.16 所示之電路，已知三相電源為正相序且平衡，

$V_{ab} = 200\angle 0° \text{ (V)}$ 試求

(1) I_a、I_b 與 I_c 之值。
(2) 瓦特計 W_a 與 W_c 之讀值為何？

(3) 證明三相負載總實功率 $P = W_a + W_c$。

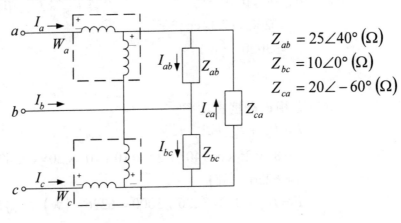

$Z_{ab} = 25\angle 40° \, (\Omega)$

$Z_{bc} = 10\angle 0° \, (\Omega)$

$Z_{ca} = 20\angle -60° \, (\Omega)$

圖 12.16

【解】

$V_{ab} = 200\angle 0°$

$V_{bc} = 200\angle -120°$

$V_{ca} = 200\angle 120°$

$I_{ab} = \dfrac{V_{ab}}{Z_{ab}} = \dfrac{120\angle 0°}{25\angle 40°} = 8\angle -40°$

$I_{bc} = \dfrac{V_{bc}}{Z_{bc}} = \dfrac{200\angle -120°}{10\angle 0°} = 20\angle -120°$

$I_{ca} = \dfrac{V_{ca}}{Z_{ca}} = \dfrac{200\angle 120°}{20\angle -60°} = 10\angle 180°$

(1)

$I_a = I_{ab} - I_{ca} = 8\angle -40° - 10\angle 180° = 16.93\angle -17.68°$ (A)

$I_b = I_{bc} - I_{ab} = 20\angle -120° - 8\angle -40° = 20.21\angle -42.94°$ (A)

$I_c = I_{ca} - I_{bc} = 10\angle 180° - 20\angle -120° = 17.32\angle 90°$ (A)

(2)

$W_a = |V_{ab}||I_a|\cos\theta_1$　　　（ θ_1 為 V_{ab} 與 I_a 之相角差）

　　　$= 200 \times 16.93 \cos 17.68°$

　　　$= 3226$ (W)

$$W_c = |V_{cb}||I_c|\cos\theta_2 \qquad （\theta_2 為 V_{cb} 與 I_c 之相角差）$$
$$= 200 \times 17.32 \cos 30°$$
$$= 3000 \quad (\text{W})$$

(3) 三相負載總實功率

$$P = P_{ab} + P_{bc} + P_{ca}$$
$$= 8^2 \times 25 \times \cos 40° + 20^2 \times 10 + 10^2 \times 20 \times \cos 60°$$
$$= 6226 \quad (\text{W})$$
$$P = W_a + W_c = 3226 + 3000 = 6226 \quad (\text{W}) \quad 故得證。$$

例題 12.6

如圖 12.17 所示之三相電路，已知電源為三相平衡正相序，$V_{ab} = 208\angle 0°$ (V)，求

(1) I_a、I_b、I_c 與 I_n 之值。

(2) 每相負載所吸收之功率為何？

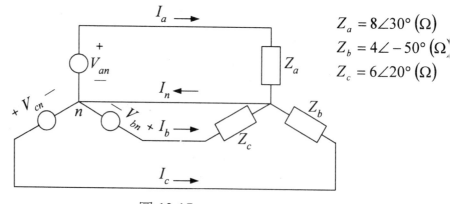

$$Z_a = 8\angle 30° \,(\Omega)$$
$$Z_b = 4\angle -50° \,(\Omega)$$
$$Z_c = 6\angle 20° \,(\Omega)$$

圖 12.17

【解】

(1)

$$I_a = \frac{V_{an}}{Z_a} = \frac{\dfrac{208}{\sqrt{3}} \angle -30°}{8\angle 30°} = 15.01\angle -60° \quad \text{(A)}$$

$$I_b = \frac{V_{bn}}{Z_b} = \frac{\dfrac{208}{\sqrt{3}} \angle -150°}{4\angle -50°} = 30.02\angle -100° \quad \text{(A)}$$

$$I_c = \frac{V_{cn}}{Z_c} = \frac{\dfrac{208}{\sqrt{3}} \angle 90°}{6\angle 20°} = 20.02\angle 70° \quad \text{(A)}$$

$$I_n = I_a + I_b + I_c$$
$$= 15.01\angle -60° + 30.02\angle -100° + 20.02\angle 70°$$
$$= 25.44\angle -68.92° \quad \text{(A)}$$

(2)

$$P_a = |I_a|^2 \times 8\cos 30° = 15.01^2 \times 8\cos 30° = 1561 \quad \text{(W)}$$

$$P_b = |I_b|^2 \times 4\cos 50° = 30.02^2 \times 4\cos 50° = 2317 \quad \text{(W)}$$

$$P_c = |I_c|^2 \times 6\cos 20° = 20.02^2 \times 6\cos 20° = 2260 \quad \text{(W)}$$

例題 12.7

如圖 12.18 所示之電路，已知電源為三相平衡且正相序，
$V_{ab} = 208\angle 0°$ （V），求

(1) I_a、I_b 與 I_c 之值。

(2) 每相負載所吸收之功率為何？

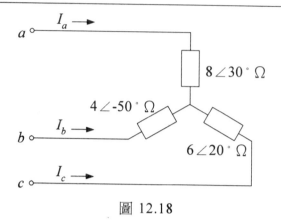

圖 12.18

【解】

先將 Y 接負載化為 △ 接

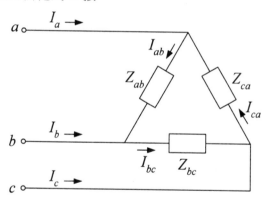

$$Z_{ab} = 8\angle 30° + 4\angle -50° + \frac{8\angle 30° \times 4\angle -50°}{6\angle 20°}$$

$$= 13.81\angle -10.4° \quad (\Omega)$$

$$Z_{bc} = 4\angle -50° + 6\angle 20° + \frac{4\angle -50° \times 6\angle 20°}{8\angle 30°}$$

$$= 10.36\angle -20.4° \quad (\Omega)$$

$$Z_{ca} = 8\angle 30° + 6\angle 20° + \frac{8\angle 30° \times 6\angle 20°}{4\angle -50°}$$

$$= 20.72\angle 59.6° \quad (\Omega)$$

$$I_{ab} = \frac{V_{ab}}{Z_{ab}} = \frac{208\angle -30°}{13.81\angle -10.4°} = 15.06\angle 10.4° \quad (A)$$

$$I_{bc} = \frac{V_{bc}}{Z_{bc}} = \frac{208\angle -120°}{10.36\angle -20.4°} = 20.08\angle -99.6° \quad (A)$$

$$I_{ca} = \frac{V_{ca}}{Z_{ca}} = \frac{208\angle 120°}{20.72\angle 59.6°} = 10.04\angle 60.4° \quad (A)$$

(1)

$$I_a = I_{ab} - I_{ca} = 15.06\angle 10.4° - 10.04\angle 60.4°$$
$$= 11.56\angle -33.14° \quad (A)$$

$$I_b = I_{bc} - I_{ab} = 20.08\angle -99.6° - 15.06\angle 10.4°$$
$$= 28.93\angle -128.88° \quad (A)$$

$$I_c = I_{ca} - I_{bc} = 10.04\angle 60.4° - 20.08\angle -99.6°$$
$$= 29.72\angle 73.76° \quad (A)$$

(2)

$$P_a = |I_a|^2 \times 8\cos 30° = 11.56^2 \times 8\cos 30°$$
$$= 926 \quad (W)$$

$$P_b = |I_b|^2 \times 4\cos 50° = 28.93^2 \times 4\cos 50°$$
$$= 2152 \quad (W)$$

$$P_c = |I_c|^2 \times 6\cos 20° = 29.72^2 \times 6\cos 20°$$
$$= 4980 \quad (W)$$

練習題

D12.5 如圖 D12.5 所示之電路,已知電源為正相序且三相平衡,試求
(1) I_a、I_b 與 I_c 之值。
(2) 每相負載所消耗之功率為何。

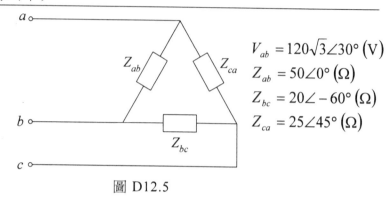

圖 D12.5

【答】 $I_a = 8.27\angle -45.98°\,(\text{A})$，$I_b = 9.06\angle -53.43°\,(\text{A})$，

$I_c = 17.3\angle 130.12°\,(\text{A})$

$P_{ab} = 865\,(\text{W})$，$P_{bc} = 1080\,(\text{W})$，$P_{ca} = 1221\,(\text{W})$。

練習題

D12.6 如圖 D12.6 所示之電路，已知電源為負相序且三相平衡，試求

(1) I_a、I_b 與 I_c 之值。

(2) 每相負載所吸收之功率為何？

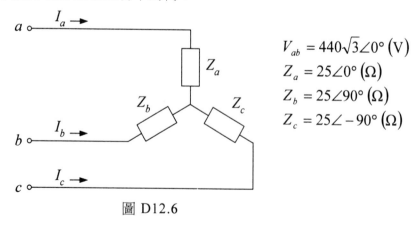

圖 D12.6

【答】

$I_a = 17.6\angle -150°\,(\text{A})$，$I_b = 34\angle 105°\,(\text{A})$，$I_c = 34\angle -45°\,(\text{A})$

$$P_a = 7744\,(\text{W})\,,\quad P_b = 0\,(\text{W})\,,\quad P_c = 0\,(\text{W})\,\text{。}$$

12.5　結論

　　本章首先介紹平衡三相系統中，Y 接與 △ 接電源及 Y 接與 △ 接負載，其線電壓與相電壓及線電流與相電流之相量關係。同時三相系統功率之計算亦一併闡述。其次是利用兩瓦特計進行三相功率之測量，此方法不論負載平衡與否均可適用。我們證明此兩瓦特計讀值之和即為三相系統之總實功率。最後則是舉例說明如何求解三相不平衡電路之相關計算問題。

第七章 習題

7.1 圖 P7.1 電路中，(1)若 $i_1 = 10\cos 5t$，$i_2 = 0$，求 v_1 及 v_2；(2)若 $i_1 = 10\cos 5t$，$i_2 = 5\cos 5t$，求 v_1 及 v_2；(3)若二次側線圈（2H）之黑點標註在下面，重做(b)。

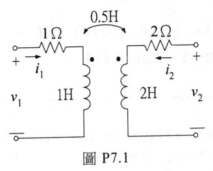

圖 P7.1

【解】 (1)
$$v_1 = i_1 \times 1 + 1 \times \frac{di_1}{dt} + 0.5\frac{di_2}{dt}$$
$$= 10\cos 5t - 50\sin 5t \ \text{(V)}$$
$$v_2 = i_2 \times 2 + 2\frac{di_2}{dt} + 0.5\frac{di_1}{dt}$$
$$= 0.5(-50\sin 5t)$$
$$= -25\sin 5t \ \text{(V)}$$

(2)
$$v_1 = i_1 \times 1 + 1 \times \frac{di_1}{dt} + 0.5\frac{di_2}{dt}$$
$$= 10\cos 5t + (-50\sin 5t) + 0.5(-25\sin 5t)$$
$$= 10\cos 5t - 62.5\sin 5t \ \text{(V)}$$
$$v_2 = 2i_2 + 2\frac{di_2}{dt} + 0.5\frac{di_1}{dt}$$
$$= 2(5\cos 5t) + 2(-25\sin 5t) + 0.5(-50\sin 5t)$$
$$= 10\cos 5t - 75\sin 5t \ \text{(V)}$$

(3) $v_1 = i_1 \times 1 + 1 \times \dfrac{di_1}{dt} - 0.5\dfrac{di_2}{dt}$

$= 10\cos5t - 50\sin5t + 12.5\sin5t$

$= 10\cos5t - 37.5\sin5t \ \ (V)$

$v_2 = 2i_2 + 2\dfrac{di_2}{dt} - 0.5\dfrac{di_1}{dt}$

$= 2(5\cos5t) + 2(-25\sin5t) - 0.5(-50\sin5t)$

$= 10\cos5t - 25\sin5t \ \ (V)$

7.2　圖 P7.1 中，若以相量形式表示，則 $I_1 = 10\angle0°\text{A}$，$I_2 = 5\angle-90°\text{A}$，$\omega = 10\text{rad/s}$，求 V_1 及 V_2 之值。

【解】　$V_1 = 1 \times I_1 + j\omega L_1 I_1 + j\omega M I_2$

$= 10 + j \times 10 \times 1 \times 10 + j10 \times 0.5 \times (-j5)$

$= 10 + j100 + 25$

$= 35 + j100$

$= 105.95\angle70.71° \ \ (V)$

$V_2 = 2 \times I_2 + j\omega L_2 I_2 + j\omega M I_1$

$= 2 \times (-j5) + j \times 10 \times 2 \times (-j5) + j10 \times 0.5 \times 10$

$= -j10 + 100 + j50$

$= 100 + j40$

$= 107.70\angle21.80° \ \ (V)$

7.3　圖 P7.2 中，若 $\omega = 10\text{rad/s}$，求輸入阻抗 Z_{in}。

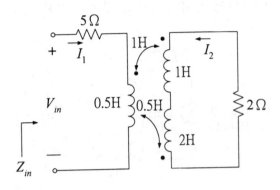

圖 P7.2

【解】 $V_{in} = 5I_1 + j\omega(0.5)I_1 + j\omega(1)I_2 - j\omega(0.5)I_2$

$\quad\quad = 5I_1 + j5I_1 + j10I_2 - j5I_2$

$\quad\quad = (5 + j5)I_1 + j5I_2$ ①

又從二次側迴路：

$2I_2 + j\omega(1)I_2 + j\omega(1)I_1 + j\omega(2)I_2 - j\omega(0.5)I_1 = 0$

$2I_2 + j10I_2 + j10I_1 + j20I_2 - j5I_1 = 0$

整理得

$j5I_1 + (2 + j30)I_2 = 0$ ②

由①②式得

$$I_1 = \frac{\begin{vmatrix} V_{in} & j5 \\ 0 & 2+j30 \end{vmatrix}}{\begin{vmatrix} 5+j5 & j5 \\ j5 & 2+j30 \end{vmatrix}} = \frac{(2+j30)V_{in}}{-115+j160}$$

$$Z_{in} = \frac{V_{in}}{I_1} = \frac{-115+j160}{2+j30} = \frac{197.04\angle125.71°}{30.07\angle86.19°}$$

$$= 6.55\angle39.52° = 5.05 + j4.17 \ (\Omega)$$

7.4　圖 P7.3 中，線圈彼此間的互感如圖示，求 V_2 之值。

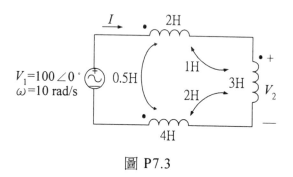

圖 P7.3

【解】　應用 KVL 於該迴路，即

$$V_1 = \left(j10 \times 2 + j10 \times 1 - j10 \times 0.5 + j10 \times 3 + j10 \times 1 - j10 \times 2 \right.$$
$$\left. + j10 \times 4 - j10 \times 0.5 - j10 \times 2 \right)I$$
$$= \left(j20 + j10 - j5 + j30 + j10 - j20 + j40 - j5 - j20 \right)I$$
$$= j60I$$

得

$$I = \frac{V_1}{j60} = \frac{100\angle 0°}{60\angle 90°} = 1.67\angle -90°$$
$$= -j1.67 \ (\text{A})$$

$$V_2 = \left(j30 + j10 - j20 \right)I$$
$$= \left(j20 \right)\left(-j1.67 \right)$$
$$= 33.4\angle 0° \ (\text{V})$$

7.5　圖 P7.4 中，若 $L_1 = L_2 = L_3 = L_4 = 2\text{H}$，$|M| = 1\text{H}$，求等效電感值。

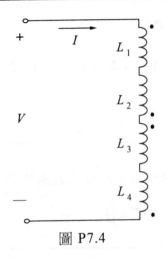

圖 P7.4

【解】 電感矩陣為

$$
[L] = \begin{bmatrix} L_1 & M_{12} & M_{13} & M_{14} \\ M_{21} & L_2 & M_{23} & M_{24} \\ M_{31} & M_{32} & L_3 & M_{34} \\ M_{41} & M_{42} & M_{43} & L_4 \end{bmatrix}
$$

$$
= \begin{bmatrix} 2 & 1 & 1 & 1 \\ 1 & 2 & 1 & 1 \\ 1 & 1 & 2 & 1 \\ 1 & 1 & 1 & 2 \end{bmatrix}
$$

由於 L_2 及 L_4 之磁通方向與 L_1 及 L_3 之磁通方向不同，因此將 M_{12}（M_{21}）、M_{14}（M_{41}）、M_{23}（M_{32}）及 M_{34}（M_{43}）變號，得

$$
[L] = \begin{bmatrix} 2 & -1 & 1 & -1 \\ -1 & 2 & -1 & 1 \\ 1 & -1 & 2 & -1 \\ -1 & 1 & -1 & 2 \end{bmatrix}
$$

因此，等效電感為

$$L_{eq} = 2-1+1-1-1+2-1+1+1-1+2-1-1+1-1+2$$
$$= 4 \text{ (H)}$$

7.6 圖 P7.5 中，利用網目電流法求等效電感值，其中

$L_1 = L_2 = L_3 = 2\text{H}$，$|M| = 1\text{H}$。

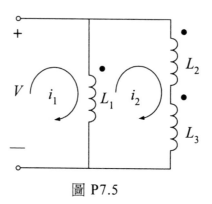

圖 P7.5

【解】

$$V = L_1 \frac{d(i_1 - i_2)}{dt} + M \frac{di_2}{dt} + M \frac{di_2}{dt}$$

$$= L_1 \frac{di_1}{dt} + (-L_1 + 2M)\frac{di_2}{dt}$$

$$0 = L_2 \frac{di_2}{dt} + M \frac{d(i_1 - i_2)}{dt} + L_3 \frac{di_2}{dt} + M \frac{d(i_1 - i_2)}{dt}$$

$$= 2M \frac{di_1}{dt} + (L_2 + L_3 - 2M)\frac{di_2}{dt}$$

寫成矩陣形式，則

$$\begin{bmatrix} V \\ 0 \end{bmatrix} = \begin{bmatrix} L_1 & -L_1 + 2M \\ 2M & L_1 + L_2 - 2M \end{bmatrix} \begin{bmatrix} i_1' \\ i_2' \end{bmatrix}$$

$$= \begin{bmatrix} 2 & 0 \\ 0 & 2 \end{bmatrix} \begin{bmatrix} i_1' \\ i_2' \end{bmatrix}$$

即　$V = 2i_1'$

故等效電感為

$$L_{eq} = \frac{V}{i_1'} = 2 \ \text{(H)}$$

7.7　圖 P7.6 中，求 A、B 兩端之等效電感值，若(1)1、2、3 端不接，(2)1、2 端短路，(3)2、3 端短路，及(4)1、3 端短路。

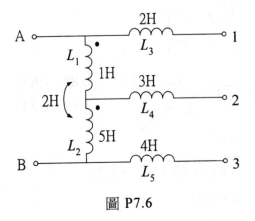

圖 P7.6

【解】　(1) 若 1、2、3 端不接，則

$$L_{eq} = 1 + 5 + 2 = 8 \ \text{(H)}$$

(2) 若 1、2 端短路，則

$$[L] = \begin{bmatrix} 1 & 2 & 0 \\ 2 & 5 & 0 \\ 0 & 0 & 5 \end{bmatrix}$$

$$[\Gamma] = [L]^{-1} = \begin{bmatrix} 1 & 2 & 0 \\ 2 & 5 & 0 \\ 0 & 0 & 5 \end{bmatrix}^{-1} = \begin{bmatrix} 5 & -2 & 0 \\ -2 & 1 & 0 \\ 0 & 0 & 0.2 \end{bmatrix}$$

由於線圈 1 與線圈 3 並聯（由 L_3 與 L_4 串聯而成），故

$$[\Gamma] = \begin{bmatrix} 5 & -2 & 0 \\ -2 & 1 & 0 \\ 0 & 0 & 0.2 \end{bmatrix} = \begin{bmatrix} 5 & -2 \\ -2 & 1 \\ 0.2 & 0 \end{bmatrix} \Big\rangle 1、3 列相加$$

$$\underbrace{\qquad\qquad}_{1、3 \text{行相加}}$$

$$= \begin{bmatrix} 5.2 & -2 \\ -2 & 1 \end{bmatrix}$$

$$[L] = [\Gamma]^{-1} = \begin{bmatrix} 5.2 & -2 \\ -2 & 1 \end{bmatrix}^{-1} = \begin{bmatrix} 0.83 & 1.67 \\ 1.67 & 4.33 \end{bmatrix}$$

故等效電感為

$$L_{eq} = 0.83 + 1.67 + 1.67 + 4.33$$
$$= 8.5 \ (\text{H})$$

(3) 2、3 端短路，則

$$[L] = \begin{bmatrix} 1 & 2 & 0 \\ 2 & 5 & 0 \\ 0 & 0 & 7 \end{bmatrix}$$

$$[\Gamma]=[L]^{-1}=\begin{bmatrix} 1 & 2 & 0 \\ 2 & 5 & 0 \\ 0 & 0 & 7 \end{bmatrix}^{-1}=\begin{bmatrix} 5 & -2 & 0 \\ -2 & 1 & 0 \\ 0 & 0 & 0.1429 \end{bmatrix}$$

由於線圈 2 與線圈 3（由 L_4 與 L_5 串聯而成）並聯，故

$$[\Gamma]=\begin{bmatrix} 5 & -2 & 0 \\ -2 & 1 & 0 \\ 0 & 0 & 0.1429 \end{bmatrix}=\begin{bmatrix} 5 & -2 \\ -2 & 1 \\ 0 & 0.1429 \end{bmatrix} \quad \text{2、3 列相加}$$

2、3 行相加

$$=\begin{bmatrix} 5 & -2 \\ -2 & 1.1429 \end{bmatrix}$$

$$[L]=[\Gamma]^{-1}=\begin{bmatrix} 5 & -2 \\ -2 & 1.1429 \end{bmatrix}^{-1}=\begin{bmatrix} 0.67 & 1.17 \\ 1.17 & 2.92 \end{bmatrix}$$

故等效電感為

$$L_{eq}=0.67+1.17+1.17+2.92$$
$$=5.93 \ (\text{H})$$

(4)　1、3 端短路，則

$$[L]=\begin{bmatrix} 1 & 2 & 0 \\ 2 & 5 & 0 \\ 0 & 0 & 6 \end{bmatrix}$$

由於線圈 1 與線圈 2 串聯，故

$$[L] = \begin{bmatrix} 1 & 2 & 0 \\ 2 & 5 & 0 \\ 0 & 0 & 6 \end{bmatrix} = \begin{bmatrix} 3 & 0 \\ 7 & 0 \\ 0 & 6 \end{bmatrix} \quad \text{1、2列相加}$$

1、2 行相加

$$= \begin{bmatrix} 10 & 0 \\ 0 & 6 \end{bmatrix}$$

$$[\Gamma] = [L]^{-1} = \begin{bmatrix} 10 & 0 \\ 0 & 6 \end{bmatrix}^{-1} = \begin{bmatrix} 0.1 & 0 \\ 0 & 0.17 \end{bmatrix}$$

$$\Gamma_{eq} = 0.1 + 0 + 0 + 0.17 = 0.27 \ \left(\text{H}^{-1} \right)$$

$$L_{eq} = \frac{1}{\Gamma_{eq}} = \frac{1}{0.27} = 3.70 \ (\text{H})$$

7.8　圖 P7.7 中，$\omega = 100\text{rad/s}$，若二次側(1)開路，(2)短路，(3)跨接一10Ω電阻時，求 Z_{in}。

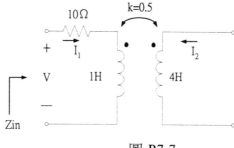

圖 P7.7

【解】(1)　$M = k\sqrt{L_1 L_2} = 0.5\sqrt{1 \times 4} = 1 \ (\text{H})$

$V = 10I_1 + j\omega L_1 I_1 + j\omega M I_2$

$\quad = (10 + j100 \times 1)I_1 + j100 \times 4I_2$

因二次側開啓，故 $I_2 = 0$，則

$$V = (10 + j100)I_1$$

輸入阻抗

$$Z_{in} = \frac{V}{I_1} = 10 + j100 \ (\Omega)$$

(2) 當二次側短路，則

$$V = 10I_1 + j100I_1 + j100 \times 1 \times I_2$$

$$= (10 + j100)I_1 + j100I_2 \qquad \textcircled{1}$$

$$0 = j100I_1 + j100 \times 4I_2 \qquad \textcircled{2}$$

由②得　$I_2 = -0.25I_1$，代入①式得

$$V = (10 + j100)I_1 + j100(-0.25I_1)$$

$$= (10 + j100 - j25)I_1$$

$$= (10 + j75)I_1$$

故輸入阻抗為

$$Z_{in} = \frac{V}{I_1} = 10 + j75 \ (\Omega)$$

(3) 當二次側跨接一10Ω電阻時，則

$$V = (10 + j100)I_1 + j100I_2 \qquad \textcircled{1}$$

$$0 = j100I_1 + (10 + j400)I_2 \qquad \textcircled{2}$$

由①②得

$$I_1 = \frac{\begin{vmatrix} V & j100 \\ 0 & 10 + j400 \end{vmatrix}}{\begin{vmatrix} 10 + j100 & j100 \\ j100 & 10 + j400 \end{vmatrix}} = \frac{(10 + j400)V}{-29900 + j5000}$$

輸入阻抗

$$Z_{in} = \frac{V}{I_1} = \frac{-29900 + j5000}{10 + j400} = \frac{30315.17 \angle 170.51°}{400.12 \angle 88.57°}$$

$$= 75.77 \angle 81.94° = 10.62 + j75.02 \ (\Omega)$$

7.9 圖 P7.8 中，若 $i_1 = 2\cos 10t$，求 $t = 0$ 時網路之總儲能。

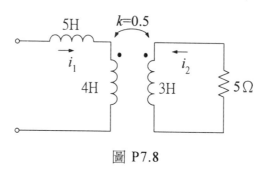

圖 P7.8

【解】 $M = k\sqrt{L_1 L_2} = 0.5\sqrt{4 \times 3} = 1.73 \ (\text{H})$

由二次側迴路得：

$$3\frac{di_2}{dt} + 1.73\frac{di_1}{dt} + 5i_2 = 0$$

$$3\frac{di_2}{dt} + 1.73(-20\sin 10t) + 5i_2 = 0$$

即

$$\frac{di_2}{dt} + \frac{5}{3}i_2 = 11.53\sin 10t$$

上式為一階微分方程式，解之得(詳見第 4.7 節)

$$i_2 = -1.12\cos 10t + 0.19\sin 10t$$

當 $t = 0$ 時，$i_1 = 2 \ (\text{A})$，$i_2 = -1.12 \ (\text{A})$

則網路之總儲能為

$$w= \frac{1}{2}\times 5\times 2^2 + \frac{1}{2}\times 4\times 2^2 + \frac{1}{2}\times 3\times (-1.12)^2 + 1.73\times 2\times (-1.12)$$
$$= 10+8+1.8816-3.8752$$
$$= 16.0064 \ (\text{J})$$

7.10 圖 P7.9 中，求網路之總儲能。

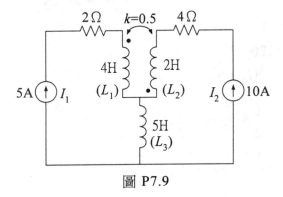

圖 P7.9

【解】

$$M = k\sqrt{L_1 L_2} = 0.5\sqrt{4\times 2} = 1.4142 \ (\text{H})$$

網路之總儲能為

$$w= \frac{1}{2}L_1 I_1{}^2 + \frac{1}{2}L_2 I_2{}^2 - MI_1 I_2 + \frac{1}{2}L_3 \left(I_1 + I_2\right)^2$$
$$= \frac{1}{2}\times 4\times 25 + \frac{1}{2}\times 2\times 100 - 1.4142\times 5\times 10 + \frac{1}{2}\times 5\times \left(5+10\right)^2$$
$$= 50+10-70.71+562.5$$
$$= 641.79 \ (\text{J})$$

7.11 圖 P7.10 中，求(1)每一電阻的平均消耗功率，(2)每一電源所產生的功率。

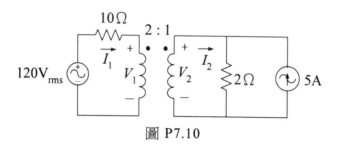

圖 P7.10

【解】　　　(1)

$$10I_1 + V_1 = 120 \qquad \text{①}$$

$$V_2 = 2(I_2 + 5) \qquad \text{②}$$

因　$\dfrac{V_2}{V_1} = \dfrac{1}{2}$ ，故 $V_2 = \dfrac{1}{2}V_1$

又　$\dfrac{I_2}{I_1} = \dfrac{2}{1}$ ，故 $I_2 = 2I_1$

將　$V_2 = \dfrac{1}{2}V_1$ 及 $I_2 = 2I_1$ 代入②得

$$\frac{1}{2}V_1 = 2(2I_1 + 5) = 4I_1 + 10$$

即　$V_1 = 8I_1 + 20$　代入①式

$$10I_1 + 8I_1 + 20 = 120$$

得　$I_1 = \dfrac{50}{9}$ (A)

因此 $I_2 = 2I_1 = \dfrac{100}{9}$ (A)

$$V_2 = \frac{1}{2}V_1 = \frac{1}{2}(8I_1 + 20)$$

$$= \frac{1}{2}\left(8 \times \frac{50}{9} + 20\right)$$

$$= \frac{290}{9} \ (V)$$

$$P_{10\Omega} = I_1^2 \times 10 = \left(\frac{50}{9}\right)^2 \times 10 = 308.64 \ (W)$$

$$P_{2\Omega} = (I_2 + 5)^2 \times 2 = \left(\frac{100}{9} + 5\right)^2 \times 2$$

$$= 519.14 \ (W)$$

(2) 每一電源所產生的功率

$$P_{120V} = 120 \times I_1 = 120 \times \frac{50}{9} = 666.67 \ (W)$$

$$P_{5A} = 5 \times V_2 = 5 \times \frac{290}{9} = 161.11 \ (W)$$

7.12 圖 P7.11 中，若電源提供功率爲 800W，負載 R_L 消耗功率爲 200W，求轉換參數 N_1 與 N_2 之值。

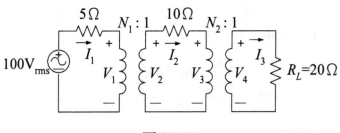

圖 P7.11

【解】

$$I_1 = \frac{P_s}{V_s} = \frac{800}{100} = 8 \ (A)$$

$$\frac{I_1}{I_2} = \frac{1}{N_1}，即 I_2 = N_1 I_1 = 8N_1$$

$$\frac{I_2}{I_3} = \frac{1}{N_2}，即 I_3 = N_2 I_2 = 8N_1 N_2$$

同時，$I_3 = \sqrt{\dfrac{P_L}{R_L}} = \sqrt{\dfrac{200}{20}} = \sqrt{10}$，代入上式得

$$N_1 N_2 = \frac{I_3}{8} = \frac{\sqrt{10}}{8} \qquad\qquad ①$$

又　$V_4 = I_3 R_L = \sqrt{10} \times 20 = 20\sqrt{10} \ (V)$

因　$\dfrac{N_2}{1} = \dfrac{V_3}{V_4}$

故　$V_3 = N_2 V_4 = 20\sqrt{10} N_2$

又　$I_2 = 8N_1 = \dfrac{V_2 - V_3}{10}$

因　$V_2 = \dfrac{V_1}{N_1} = \dfrac{100 - 5I_1}{N_1}$

$$= \frac{100 - 5 \times 8}{N_1} = \frac{60}{N_1}$$

代入上式得

$$I_2 = 8N_1 = \frac{\dfrac{60}{N_1} - 20\sqrt{10} N_2}{10}$$

經整理得

$$80N_1^2 + 20\sqrt{10}N_1N_2 - 60 = 0 \qquad\qquad ②$$

將①代入②式得

$$80N_1^2 + 20\sqrt{10}\left(\frac{\sqrt{10}}{8}\right) - 60 = 0$$

解得 $N_1^2 = \dfrac{7}{16}$

故 $\quad N_1 = \dfrac{\sqrt{7}}{4}$

$$N_2 = \frac{\dfrac{\sqrt{10}}{8}}{N_1} = \frac{\sqrt{10}}{8} \times \frac{4}{\sqrt{7}}$$

$$= \frac{\sqrt{70}}{14}$$

7.13 圖 P7.12 中，欲使傳送至 1Ω 上的負載功率為最大，求 C_2 之值。

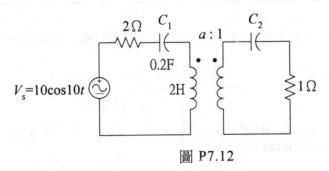

圖 P7.12

【解】 $\qquad Z_1 = 2 - j\dfrac{1}{\omega C_1} = 2 - j\dfrac{1}{10 \times 0.2} = 2 - j0.5 \ (\Omega)$

$$|Z_1| = \sqrt{2^2 + (0.5)^2} = 2.062 \ (\Omega)$$

$$Z_2 = 1 - j\frac{1}{\omega C_2} = 1 - j\frac{1}{10 \times C_2} = 1 - j\frac{0.1}{C_2}$$

$$|Z_2| = \sqrt{1^2 + \left(\frac{0.1}{C_2}\right)^2} = \sqrt{1 + \frac{0.01}{C_2{}^2}}$$

因　$a = \sqrt{\dfrac{L_1}{L_2}} = \sqrt{\dfrac{2}{1}} = \sqrt{2}$

又　$\dfrac{|Z_1|}{|Z_2|} = a^2 = \left(\sqrt{2}\right)^2 = 2$

即　$|Z_2| = \dfrac{|Z_1|}{2}$

$$\sqrt{1 + \frac{0.01}{C_2{}^2}} = \frac{2.062}{2} = 1.031$$

解得　$C_2 = 0.4\ \left(\text{F}\right)$

7.14 圖 P7.13 中，欲使 R_L 獲得最大之平均功率，求 a 之值。

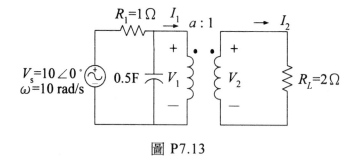

圖 P7.13

【解】　$Z_C = -j\dfrac{1}{\omega C} = -j\dfrac{1}{10 \times 0.5} = -j0.2\ \left(\Omega\right)$

今將變壓器之一次側化爲戴維寧等效電路如下所示：

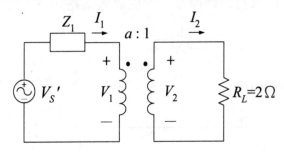

其中

$$Z_1 = R_1 \mathbin{/\mkern-5mu/} Z_C = \frac{1(-j0.2)}{1-j0.2} = 0.1961\angle -78.69° \; (\Omega)$$

即 $|Z_1| = 0.1961 \; (\Omega)$

$$V_S{}' = \frac{-j0.2}{1-j0.2} \times 10\angle 0° = 1.961\angle -78.69° \; (V)$$

欲使 R_L 獲得最大的功率傳輸，

則 $a = \sqrt{\dfrac{|Z_1|}{R_L}} = \sqrt{\dfrac{0.1961}{2}} = 0.3131$

7.15 圖 P7.14 中，欲使 R_L 獲得最大功率，求(1)a 之值，(2) R_L 上之最大功率。

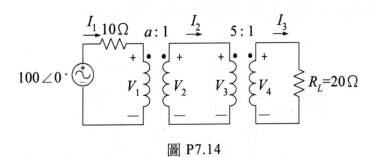

圖 P7.14

【解】(1)　　將原電路轉換至一次側等效電路如下：

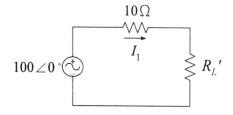

其中 $R_L{}' = 5^2 \times a^2 \times R_L = 500a^2$

欲獲得最大功率，則

$$R_L{}' = 10$$

即　$500a^2 = 10$

得　$a = \dfrac{1}{\sqrt{50}}$

(2)　$R_L{}' = 500a^2 = 500 \times \dfrac{1}{50} = 10 \ (\Omega)$

$$I_1 = \dfrac{100\angle 0°}{10 + 10} = 5\angle 0° \ (A)$$

最大功率 $P_{L,\max} = I_1{}^2 R_L{}' = 5^2 \times 10 = 250 \ (W)$

7.16 圖 P7.15 中，利用 T 型等效模型求 V_2 之穩定值。

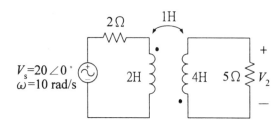

圖 P7.15

【解】 原電路之 T 型等效模型如下：

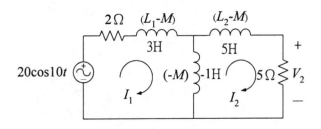

列出網目方程式，如下所示：

$$\begin{cases} (2 + j30 - j10)I_1 - j(-10)I_2 = 20\angle 0° \\ -j(-10)I_1 + (5 + j50 - j10)I_2 = 0 \end{cases}$$

經整理得

$$\begin{cases} (2 + j20)I_1 + j10I_2 = 20 \\ j10I_1 + (5 + j40)I_2 = 0 \end{cases}$$

解得

$$I_2 = \frac{\begin{vmatrix} 2 + j20 & 20 \\ j10 & 0 \end{vmatrix}}{\begin{vmatrix} 2 + j20 & j10 \\ j10 & 5 + j40 \end{vmatrix}} = \frac{-j200}{-690 + j180} = \frac{200\angle -90°}{713.09\angle 165.38°}$$

$$= 0.2805\angle 104.62°\text{(A)}$$

$$V_2 = 5I_2 = 1.4025\angle 104.62° \ \text{(V)}$$

第八章 習題

8.1 圖 P8.1 中，(1)欲建構一棵樹，需幾條樹分支及鏈支？(2)列出所有
基本切集，及(3)列出所有的基本迴路。

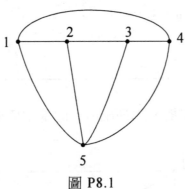

圖 P8.1

【解】 (1) $N = 5$，$B = 8$

樹分支數 $T = N - 1 = 5 - 1 = 4$

鏈分支數 $L = B - N + 1 = 8 - 4 + 1 = 5$

(2)設選擇的樹如下所示

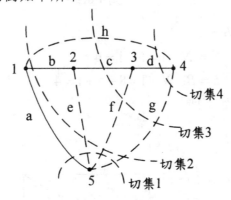

因有 4 條樹分支，故形成 4 個基本切集，如下所示：

切集 1：a、e、f、g

切集 2：h、b、e、f、g

切集 3：h、c、f、g

切集 4：h、d、g

(3) 因有 4 條鏈支，故形成 4 個基本迴路，分別為：

a、b、e；

a、b、c、f；

a、b、c、d、g；及

b、c、d、h

8.2 圖 P8.2 中，(1)畫出樹，(2)列出所有的基本切集，及(3)列出所有的基本迴路。

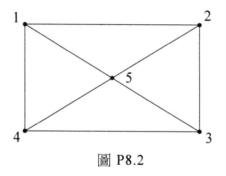

圖 P8.2

【解】(1) $N = 5$，$B = 8$

樹分支數 $T = N - 1 = 5 - 1 = 4$

鏈分支數 $L = B - N + 1 = 8 - 5 + 1 = 4$

選擇的樹如下所示

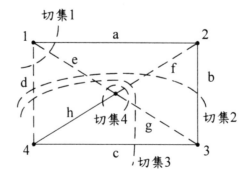

(1) 4 個基本切集如下：

切集 1：d、a、e

切集 2：d、e、f、b

切集 3：d、e、f、g、c

切集 4：h、e、f、g

(2) 4 個基本迴路如下：

a、b、c、d；

a、b、c、h、e；

b、c、h、f；及

c、h、g

8.3 參考圖 P8.3，(1)畫出一樹，(2)列出所有的基本切集，及(3)列出所有基本迴路。

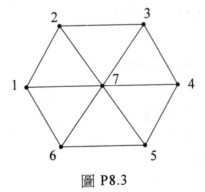

圖 P8.3

【解】(1) $N = 7$，$B = 12$

$T = N - 1 = 6$

$L = B - N + 1 = 12 - 7 + 1 = 6$

選擇的樹如下所示

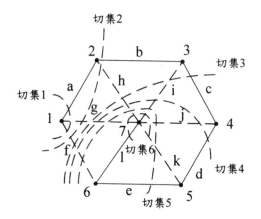

(2) 因 $T=6$，其 6 個基本切集如下：

切集 1：f、g、a

切集 2：f、g、h、b

切集 3：f、g、h、i、c

切集 4：f、g、h、i、j、d

切集 5：f、g、h、i、j、k、e

切集 6：l、g、h、i、j、k

(3) $L=6$，其 6 個基本迴路如下：

a、b、c、d、e、f；

a、b、c、d、e、l、g；

b、c、d、e、l、h；

c、d、e、l、i；

d、e、l、j；及

e、l、k。

8.4 圖 P8.4 中，利用切集方程式求電流 i 之值。

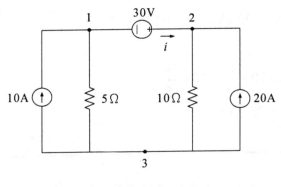

圖 P8.4

【解】 $B = 5$，$N = 3$，$T = N - 1 = 3 - 1 = 2$

$L = B - N + 1 = 5 - 3 + 1 = 3$

選擇的樹如下所示

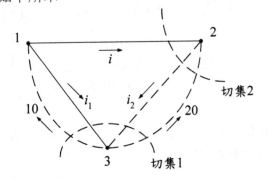

切集 2 之樹分支係以電壓源爲基準，故可略去。由切集 1 可得其方程式爲：

$$10 - i_1 - i_2 + 20 = 0$$

又　$i_1 = \dfrac{v_1}{5}$，$i_2 = \dfrac{v_2}{10}$，代入上式

得　$10 - \dfrac{v_1}{5} - \dfrac{v_2}{10} + 20 = 0$

即　$2v_1 + v_2 = 300$　　　　　　　　　①

又　$-v_1 + v_2 = 30$　　　　　　　　　②

解①②得

$$v_1 = 90 \ (\text{V}) \ , \ v_2 = 120 \ (\text{V})$$

因此

$$i = 10 + \frac{v_1}{5} = 10 + \frac{90}{5}$$
$$= 28 \ (\text{A})$$

8.5 圖 P8.5 中,利用切集方程式求電壓 v 之值。

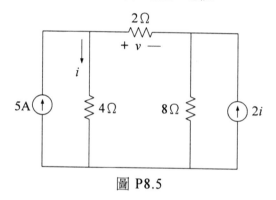

圖 P8.5

【解】 $B = 5$,$N = 3$,$T = N - 1 = 2$,$L = B - N + 1 = 3$

選擇的樹如下所示

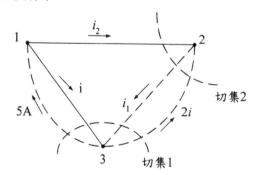

由切集 1: $5 - i - i_1 + 2i = 0$ ①

由切集 2: $-i_2 + i_1 - 2i = 0$ ②

又　$i = \dfrac{v_1}{4}$ ，$i_1 = \dfrac{v_2}{8}$ ，$i_2 = \dfrac{v_1 - v_2}{2}$ ，代入①②

得　$5 - \dfrac{v_1}{4} - \dfrac{v_2}{8} + 2\dfrac{v_1}{4} = 0$

$$2v_1 - v_2 = -40 \qquad\qquad\qquad ③$$

及　$-\dfrac{v_1 - v_2}{2} + \dfrac{v_2}{8} - 2\dfrac{v_1}{4} = 0$

$$v_1 - \dfrac{5}{8}v_2 = 0 \qquad\qquad\qquad ④$$

由③④得

$$v_1 = -100 \ (\text{V}) ，v_2 = -160 \ (\text{V})$$
$$v = v_1 - v_2 = -100 - (-160)$$
$$= 60 \ (\text{V})$$

8.6　圖 P8.6 中，利用切集方程式求 i_1 及 v_1 之值。

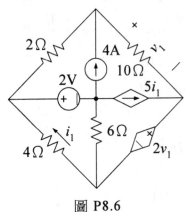

圖 P8.6

【解】　$B = 8$ ，$N = 5$ ，$T = N - 1 = 4$ ，

$L = B - N + 1 = 8 - 5 + 1 = 4$

選擇的樹如下所示：

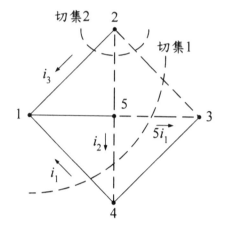

略去電壓源 $2v$ 與 $2v_1$ 所形成的切集後，餘兩個切集方程式如下：

由切集 1 ： $i_1 - i_2 - 5i_1 - \dfrac{v_1}{10} = 0$ ①

由切集 2 ： $\dfrac{v_1}{10} - 4 + i_3 = 0$ ②

將 $i_2 = \dfrac{-2 - 4i_1}{6}$ 及 $i_3 = \dfrac{v_1 + 2v_1 + 4i_1}{2}$ 代入①②

得 $100i_1 + 3v_1 = 10$ ③

      $40i_1 + 32v_1 = 80$ ④

由③④得

$$i_1 = \frac{2}{77} \text{ (A)}$$

$$v_1 = \frac{190}{77} \text{ (V)}$$

8.7 圖 P8.7 為圖 P3.7 之電路，試利用迴路方程式求 i_1 之值。

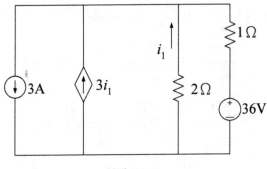

圖 P8.7

【解】 $B = 5$，$N = 3$，$T = N - 1 = 2$

$L = B - N + 1 = 3$

選擇的樹如下所示：

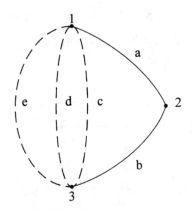

因鏈分支 d 及 e 均為電流源，其所形成的迴路方程式可略去，故只剩下迴路 a、b、c，其方程式為：

$$2i_1 + 1(3i_1 + i_1 - 3) + 36 = 0$$

整理得　$6i_1 = -33$

$$i_1 = -\frac{33}{6} = -\frac{11}{2} \text{ (A)}$$

8.8 圖 P8.8 中，試以 i_1 及 i_2 為變數列出二迴路方程式，並求 i_1 及 i_2 之值。

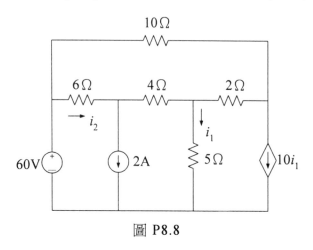

圖 P8.8

【解】 (1) $B = 8$ ，$N = 5$ ，$T = N - 1 = 5 - 1 = 4$

$L = B - N + 1 = 8 - 5 + 1 = 4$

樹的形式如下：

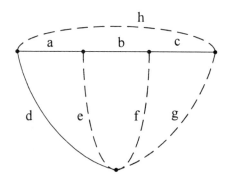

略去兩個電流源（ $2A$ 及 $10i_1$ ）所形成的迴路，餘兩個迴路及其方程式如下：

迴路 a、b、c、h

$$6i_2 + 4(i_2 - 2) + 2(i_2 - 2 - i_1) + 10(i_2 - 2 - i_1 - 10i_1) = 0$$

迴路 a、b、c、f、d

$$-60 + 6i_2 + 4(i_2 - 2) + 5i_1 = 0$$

整理上二式得

$$-112i_1 + 22i_2 = 32 \qquad ①$$

$$5i_1 + 10i_2 = 68 \qquad ②$$

解①②式得

$$i_1 = 0.956 \text{ (A)}$$

$$i_2 = 6.322 \text{ (A)}$$

8.9 圖 P8.9 中，利用迴路方程式求 i_1 之值。

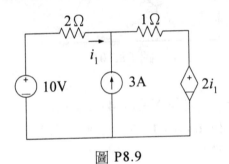

圖 P8.9

【解】 $B = 5$ ， $N = 4$ ， $T = N - 1 = 3$

$L = B - N + 1 = 5 - 4 + 1 = 2$

選擇的樹如下所示

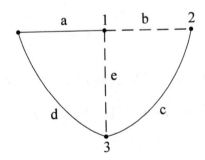

由迴路 a、b、c、d 可列出其方程式為

$$2i_1 + 1(i_1 + 3) + 2i_1 - 10 = 0$$

解得 $i_1 = \dfrac{7}{5}$ (A)

8.10 圖 P8.10 中，求 i_1 之值。

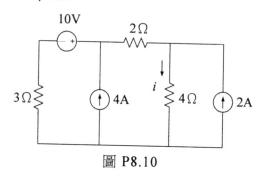

10V 2Ω

$3Ω$ $4A$ i $4Ω$ $2A$

圖 P8.10

【解】 $B = 6$，$N = 4$，$T = N - 1 = 4 - 1 = 3$

$L = B - N + 1 = 6 - 4 + 1 = 3$

選擇的樹如下：

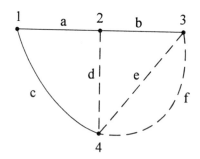

由迴路 a、b、e、c（略去迴路 a、d、c 及 a、b、f、c）得

$$-10 + 2(i-2) + 4i + 3(i-4-2) = 0$$

即 $9i = 32$

得 $i = \dfrac{32}{9}$ (A)

8.11 圖 P8.11 中，求電壓 v_1 之值。

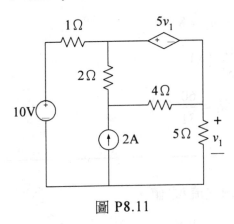

圖 P8.11

【解】 $B = 7$，$N = 5$，$T = N - 1 = 5 - 1 = 4$

$L = B - N + 1 = 7 - 5 + 1 = 3$

選擇的樹如下：

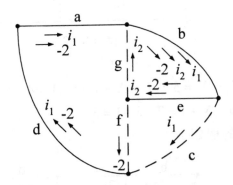

令電流 i_1 通過迴路 a、b、c、d，電流 i_2 通過迴路 a、e、g，及 2A 電流源流經迴路 a、b、e、f、d，則由 i_1 及 i_2 迴路可列出兩個方程式：

$$-10 + 1(i_1 - 2) + 5v_1 + v_1 = 0$$

及 $$5v_1 + 4(-2 + i_2) + 2i_2 = 0$$

將 $v_1 = 5i_1$ 代入上二式，

得 $31i_1 = 12$

及 $25i_1 + 6i_2 = 8$

解得 $i_1 = \dfrac{12}{31}$ (A)

$v_1 = 5i_1 = \dfrac{60}{31}$ (V)

8.12 圖 P8.12 中，求電流 i 之值。

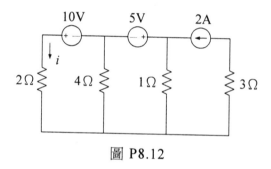

圖 P8.12

【解】 $B = 7$ ， $N = 5$ ， $T = N - 1 = 5 - 1 = 4$

$L = B - N + 1 = 7 - 5 + 1 = 3$

選擇的樹如下：

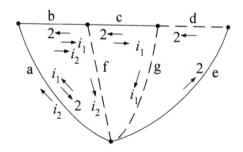

由迴路 a、b、c、g：

$10 - 5 + 1 \times i_1 + 2(i_1 + i_2 - 2) = 0$

即　$3i_1 + 2i_2 = -1$　　　　　　　　　　①

由迴路 a、b、f
$$10 + 4i_2 + 2(i_1 + i_2 - 2) = 0$$
即　$2i_1 + 6i_2 = -6$　　　　　　　　　　②

解①②得

$$i_1 = \frac{3}{7} \text{ (A)} \text{，} i_2 = -\frac{8}{7} \text{ (A)}$$

$$i = 2 - i_1 - i_2 = 2 - \frac{3}{7} - \left(-\frac{8}{7}\right)$$

$$= \frac{19}{7} \text{ (A)}$$

8.13 畫出圖 P8.13 之對偶電路。

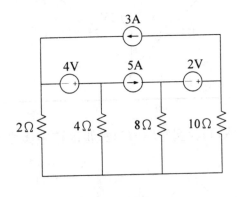

圖 P8.13

【解】對偶電路建構過程如下圖所示：

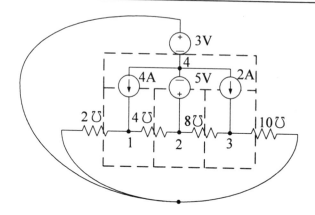

對偶電路如下所示:

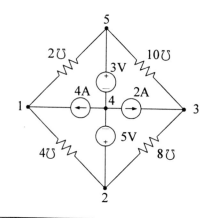

8.14 圖 P8.14 中,試求(1)對偶電路,(2)對偶電路中與原電路 $i_1 (= 16.92A)$ 對應之 v_1 值。

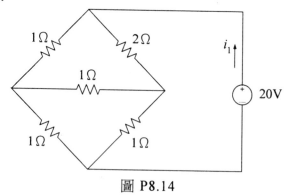

圖 P8.14

【解】(1)

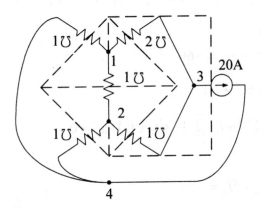

對偶電路如下：

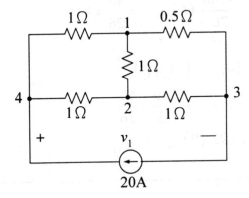

(2)　欲求 v_1 之值，首先選擇一棵樹，如下所示：

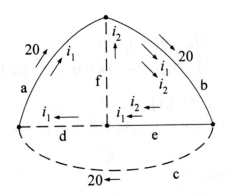

由迴路 a、b、e、d 可得

$$1(20+i_1)+\frac{1}{2}(20+i_1+i_2)+1(i_1+i_2)+i_1=0$$

整理得

$$7i_1+3i_2=-60 \qquad\qquad ①$$

由迴路 b、e、f 可得

$$\frac{1}{2}(20+i_1+i_2)+1(i_1+i_2)+i_2=0$$

整理得

$$3i_1+5i_2=-20 \qquad\qquad ②$$

解①②得

$$i_1=\frac{-240}{26}\ (\text{A})\ ,\ i_2=\frac{40}{26}\ (\text{A})$$

故

$$v=1(-i_1)+1(-i_1-i_2)$$
$$=-2i_1-i_2=\frac{240}{13}-\frac{40}{26}$$
$$=16.92\ (\text{V})$$

8.15 圖 P8.8 中（見習題 8.8），(1)畫出對偶電路，(2)原電路之迴路方程式為：

$$-60+6i_2+4(i_2-2)+5i_1=0$$

及　$6i_2+4(i_2-2)+2(i_2-2-i_1)+10(i_2-2-11i_1)=0$

且其解為　$i_1=0.956\ (\text{A})$，$i_2=6.322\ (\text{A})$

試列出對偶電路中以 v_1 及 v_2 為變數之方程式，並求 v_1 及 v_2 之值。

【解】(1) 對偶電路如下：

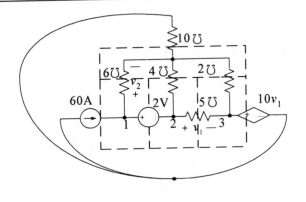

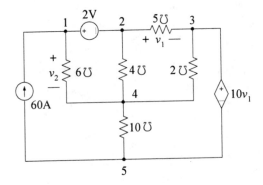

(2) 由對偶特性，吾人可列出兩方程式：

即

$$-60 + 6v_2 + 4(v_2 - 2) + 5v_1 = 0$$

（視 2V 電壓源為超節點）

及 $$6v_2 + 4(v_2 - 2) + 2(v_2 - 2 - v_1) + 10(v_1 - 2 - 11v_1) = 0$$

（由節點 4 獲得）

經整理得

$$5v_1 + 10v_2 = 68 \qquad ①$$
$$-112v_1 + 22v_2 = 32 \qquad ②$$

解①②得

$$v_1 = 0.956 \ (\text{V}) \ , \ v_2 = 6.322 \ (\text{V})$$

第九章 習題

9.1 圖 P9.1 之電路，試寫出狀態方程式。

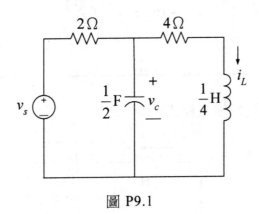

圖 P9.1

【解】 選擇的樹如下所示

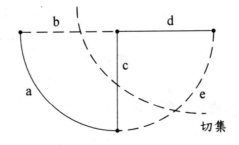

由切集： $\dfrac{v_c - v_s}{2} + \dfrac{1}{2}\dfrac{dv_c}{dt} + i_L = 0$

即　　　 $\dfrac{dv_c}{dt} = -v_c - 2i_L + v_s$　　　　　　　　　①

由 c、d、e 迴路：

$$-v_c + 4i_L + \dfrac{1}{4}\dfrac{di_L}{dt} = 0$$

即　　　 $\dfrac{di_L}{dt} = 4v_c - 16i_L$　　　　　　　　　②

由①②得

$$\begin{bmatrix} \dfrac{dv_c}{dt} \\ \dfrac{di_L}{dt} \end{bmatrix} = \begin{bmatrix} -1 & -2 \\ 4 & -16 \end{bmatrix}\begin{bmatrix} v_c \\ i_L \end{bmatrix} + \begin{bmatrix} 1 \\ 0 \end{bmatrix}[v]$$

9.2　寫出圖 P9.2 之狀態方程式。

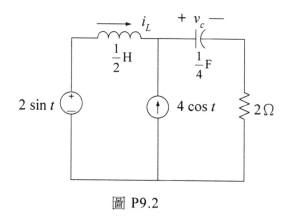

圖 P9.2

【解】　選擇一棵樹如下所示

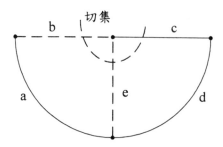

由切集：$-i_L - 4\cos t + \dfrac{1}{4}\dfrac{dv_c}{dt} = 0$

即
$$\frac{dv_c}{dt} = 4i_L + 16\cos t \qquad ①$$

由迴路 a、b、c、d、a：

$$\frac{1}{2}\frac{di_L}{dt} + v_c + 2[i_L + 4\cos t] - 2\sin t = 0$$

即
$$\frac{di_L}{dt} = -2v_c - 4i_L + 4\sin t - 16\cos t \qquad ②$$

由①②得其狀態方程式為：

$$\begin{bmatrix} \dfrac{dv_c}{dt} \\ \dfrac{di_L}{dt} \end{bmatrix} = \begin{bmatrix} 0 & 4 \\ -2 & -4 \end{bmatrix} \begin{bmatrix} v_c \\ i_L \end{bmatrix} + \begin{bmatrix} 0 & 16 \\ 4 & -16 \end{bmatrix} \begin{bmatrix} \sin t \\ \cos t \end{bmatrix}$$

9.3 寫出圖 P9.3 之狀態方程式。

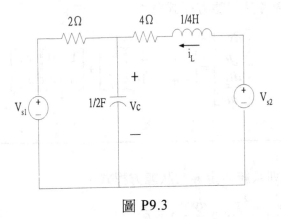

圖 P9.3

【解】 選擇一棵樹，如下所示

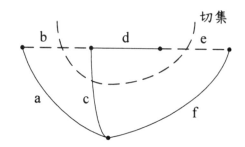

由切集：$\dfrac{v_c - v_{s1}}{2} + \dfrac{1}{2}\dfrac{dv_c}{dt} - i_L = 0$

即 $\quad\quad \dfrac{dv_c}{dt} = -v_c + 2i_L + v_{s1}$ ①

由迴路 a、d、e、f：

$$-v_c - 4i_L - \dfrac{1}{4}\dfrac{di_L}{dt} + v_{s2} = 0$$

即 $\quad\quad \dfrac{di_L}{dt} = -4v_c - 16i_L + 4v_{s2}$ ②

由①②得其狀態方程式爲：

$$\begin{bmatrix} \dfrac{dv_c}{dt} \\ \dfrac{di_L}{dt} \end{bmatrix} = \begin{bmatrix} -1 & 2 \\ -4 & -16 \end{bmatrix}\begin{bmatrix} v_c \\ i_L \end{bmatrix} + \begin{bmatrix} 1 & 0 \\ 0 & 4 \end{bmatrix}\begin{bmatrix} v_{s1} \\ v_{s2} \end{bmatrix}$$

9.4 試描述下列系統所定義的狀態方程式。

$$2\dfrac{d^3 y}{dt^3} + \dfrac{d^2 y}{dt^2} + 5\dfrac{dy}{dt} + y = r$$

【解】 設三個狀態變數分別爲 x_1、x_2 及 x_3
且令 $x_1 = y$

$$x_2 = \frac{dx_1}{dt} = \frac{dy}{dt}$$

$$x_3 = \frac{dx_2}{dt} = \frac{d^2 y}{dt^2}$$

原式可化為

$$\frac{d^3 y}{dt^3} = -\frac{1}{2}y - \frac{5}{2}\frac{dy}{dt} - \frac{1}{2}\frac{d^2 y}{dt^2} + \frac{1}{2}r$$

$$= -\frac{1}{2}x_1 - \frac{5}{2}x_2 - \frac{1}{2}x_3 + \frac{1}{2}r$$

$$= \frac{dx_3}{dt}$$

即　　$$\frac{dx_1}{dt} = x_2$$

$$\frac{dx_2}{dt} = x_3$$

$$\frac{dx_3}{dt} = -\frac{1}{2}x_1 - \frac{5}{2}x_2 - \frac{1}{2}x_3 + \frac{1}{2}r$$

故狀態方程式可表示為

$$\begin{bmatrix} \dfrac{dx_1}{dt} \\ \dfrac{dx_2}{dt} \\ \dfrac{dx_3}{dt} \end{bmatrix} = \begin{bmatrix} 0 & 1 & 0 \\ 0 & 0 & 1 \\ -\dfrac{1}{2} & -\dfrac{5}{2} & -\dfrac{1}{2} \end{bmatrix} \begin{bmatrix} x_1 \\ x_2 \\ x_3 \end{bmatrix} + \begin{bmatrix} 0 \\ 0 \\ \dfrac{1}{2} \end{bmatrix} [r]$$

9.5　求下列電路之狀態方程式及輸出方程式，其中輸出為 4Ω電阻上的電壓。

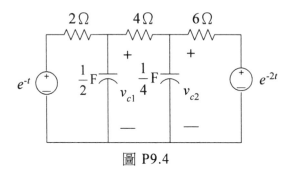

圖 P9.4

【解】　選擇一棵樹如下所示

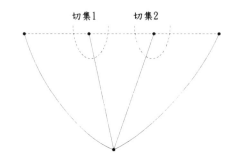

由切集 1：　　$\dfrac{v_{c1}-e^{-t}}{2}+\dfrac{1}{2}\dfrac{dv_{c1}}{dt}+\dfrac{v_{c1}-v_{c2}}{4}=0$

即　　　　　$\dfrac{dv_{c1}}{dt}=-\dfrac{3}{2}v_{c1}+\dfrac{1}{2}v_{c2}+e^{-t}$　　　　　①

由切集 2：　　$\dfrac{v_{c1}-v_{c2}}{4}+\dfrac{1}{4}\dfrac{dv_{c2}}{dt}+\dfrac{v_{c2}-e^{-2t}}{6}=0$

即　　　　　$\dfrac{dv_{c2}}{dt}=v_{c1}-\dfrac{5}{3}v_{c2}+\dfrac{2}{3}e^{-2t}$　　　　　②

由①②得其狀態方程式爲：

$$\begin{bmatrix}\dfrac{dv_{c1}}{dt}\\[2mm]\dfrac{dv_{c2}}{dt}\end{bmatrix}=\begin{bmatrix}-\dfrac{3}{2}&\dfrac{1}{2}\\[2mm]1&-\dfrac{5}{3}\end{bmatrix}\begin{bmatrix}v_{c1}\\v_{c2}\end{bmatrix}+\begin{bmatrix}1&0\\[2mm]0&\dfrac{2}{3}\end{bmatrix}\begin{bmatrix}e^{-t}\\e^{-2t}\end{bmatrix}$$

因　　　　　　　$c(t) = v_{c1} - v_{c2}$

故輸出方程式為

$$c(t) = \begin{bmatrix} 1 & -1 \end{bmatrix} \begin{bmatrix} v_{c1} \\ v_{c2} \end{bmatrix}$$

9.6　圖 P9.5 為一串連 *RLC* 電路，經測得其狀態變數導數與狀態變數數據如下：

當　$\begin{bmatrix} \dfrac{di_L}{dt} \\ \dfrac{dv_c}{dt} \end{bmatrix} = \begin{bmatrix} -\dfrac{1}{4} \\ 2 \end{bmatrix}$ 時，$\begin{bmatrix} i_L \\ v_c \end{bmatrix} = \begin{bmatrix} \dfrac{1}{2} \\ \dfrac{1}{4} \end{bmatrix}$

當　$\begin{bmatrix} \dfrac{di_L}{dt} \\ \dfrac{dv_c}{dt} \end{bmatrix} = \begin{bmatrix} -4 \\ 8 \end{bmatrix}$ 時，$\begin{bmatrix} i_L \\ v_c \end{bmatrix} = \begin{bmatrix} 2 \\ 4 \end{bmatrix}$

(1)　決定 *R*、*L* 及 *C* 之值，(2)　若狀態變數 $\begin{bmatrix} i_L \\ v_c \end{bmatrix} = \begin{bmatrix} 1 \\ 0 \end{bmatrix}$ 時，則狀態

方程式為何？

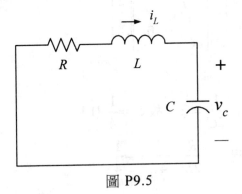

圖 P9.5

【解】　因 $i_L = C\dfrac{dv_c}{dt}$

故 $\dfrac{dv_c}{dt} = \dfrac{1}{C}i_L$ ①

又 $Ri_L + L\dfrac{di_L}{dt} + v_c = 0$

故 $\dfrac{di_L}{dt} = -\dfrac{R}{L}i_L - \dfrac{1}{L}v_c$ ②

由①②知其狀態方程式為

$$\begin{bmatrix} \dfrac{di_L}{dt} \\[2mm] \dfrac{dv_c}{dt} \end{bmatrix} = \begin{bmatrix} -\dfrac{R}{L} & -\dfrac{1}{L} \\[2mm] \dfrac{1}{C} & 0 \end{bmatrix} \begin{bmatrix} i_L \\[2mm] v_c \end{bmatrix}$$

代入測試數據：

$$\begin{bmatrix} -\dfrac{1}{4} \\[2mm] 2 \end{bmatrix} = \begin{bmatrix} -\dfrac{R}{L} & -\dfrac{1}{L} \\[2mm] \dfrac{1}{C} & 0 \end{bmatrix} \begin{bmatrix} \dfrac{1}{2} \\[2mm] \dfrac{1}{4} \end{bmatrix}$$ ③

$$\begin{bmatrix} -4 \\[2mm] 8 \end{bmatrix} = \begin{bmatrix} -\dfrac{R}{L} & -\dfrac{1}{L} \\[2mm] \dfrac{1}{C} & 0 \end{bmatrix} \begin{bmatrix} 2 \\[2mm] 4 \end{bmatrix}$$ ④

由③得 $\dfrac{1}{2C} = 2$，故 $C = \dfrac{1}{4}$ (F)

由③④得 $-\dfrac{R}{2L} - \dfrac{1}{4L} = -\dfrac{1}{4}$ ⑤

$$-\frac{2R}{L}-\frac{4}{L}=-4 \qquad\qquad ⑥$$

解⑤⑥兩式，得

$$L=1\ (\text{H})$$
$$R=0\ (\Omega)$$

(1)　由(1)結果得其狀態方程式為

$$\begin{bmatrix} \dfrac{di_L}{dt} \\ \dfrac{dv_c}{dt} \end{bmatrix} = \begin{bmatrix} -\dfrac{R}{L} & -\dfrac{1}{L} \\ \dfrac{1}{C} & 0 \end{bmatrix} \begin{bmatrix} i_L \\ v_c \end{bmatrix}$$

$$= \begin{bmatrix} 0 & -1 \\ 4 & 0 \end{bmatrix} \begin{bmatrix} i_L \\ v_c \end{bmatrix}$$

當 $\begin{bmatrix} i_L \\ v_c \end{bmatrix} = \begin{bmatrix} 1 \\ 0 \end{bmatrix}$　時

$$\begin{bmatrix} \dfrac{di_L}{dt} \\ \dfrac{dv_c}{dt} \end{bmatrix} = \begin{bmatrix} 0 & -1 \\ 4 & 0 \end{bmatrix} \begin{bmatrix} 1 \\ 0 \end{bmatrix} = \begin{bmatrix} 0 \\ 4 \end{bmatrix}$$

9.7　試寫出圖 P9.6 之狀態方程式。

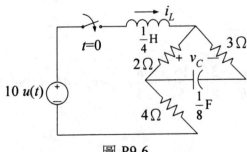

圖 P9.6

【解】選擇一棵樹，如下所示

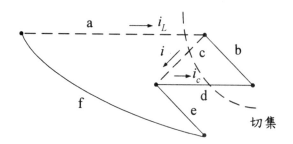

由切集：$-i_L + i - \dfrac{1}{8}\dfrac{dv_c}{dt} = 0$ ①

又 $\quad i = \dfrac{-3i_c - v_c}{2} = \dfrac{-3 \times \dfrac{1}{8}\dfrac{dv_c}{dt} - v_c}{2}$

$\qquad = -\dfrac{3}{16}\dfrac{dv_c}{dt} - \dfrac{1}{2}v_c$ ②

將②代入①式，並整理得

$$\dfrac{dv_c}{dt} = -\dfrac{16}{5}i_L - \dfrac{8}{5}v_c$$ ③

由迴路 a、b、d、e、f 得

$$\dfrac{1}{4}\dfrac{di_L}{dt} + 3\left(-\dfrac{1}{8}\dfrac{dv_c}{dt}\right) - v_c + 4i_L - 10u(t) = 0$$

將③式代入上式

$$\dfrac{1}{4}\dfrac{di_L}{dt} - \dfrac{3}{8}\left(-\dfrac{16}{5}i_L - \dfrac{8}{5}v_c\right) - v_c + 4i_L - 10u(t) = 0$$

整理得

$$\frac{di_L}{dt} = -\frac{104}{5}i_L + \frac{8}{5}v_c + 40u(t) \qquad ④$$

由③④得其狀態方程式為

$$\begin{bmatrix} \dfrac{dv_c}{dt} \\ \dfrac{di_L}{dt} \end{bmatrix} = \begin{bmatrix} -\dfrac{8}{5} & -\dfrac{16}{5} \\ \dfrac{8}{5} & -\dfrac{104}{5} \end{bmatrix} \begin{bmatrix} v_c \\ i_L \end{bmatrix} + \begin{bmatrix} 0 \\ 40 \end{bmatrix} [u(t)]$$

9.8 試寫出圖 P9.7 電路之狀態方程式。

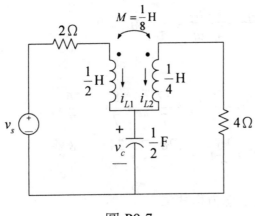

圖 P9.7

【解】 選擇一棵樹,如下所示

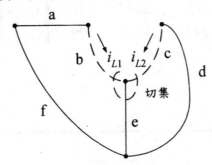

由切集：$-i_L + \dfrac{1}{2}\dfrac{dv_c}{dt} - i_{L2} = 0$

即　　　$\dfrac{dv_c}{dt} = 2i_{L1} + 2i_{L2}$ ①

由迴路 a、b、e、f：

$$-v_s + 2i_{L1} + \dfrac{1}{2}\dfrac{di_{L1}}{dt} + \dfrac{1}{8}\dfrac{di_{L2}}{dt} + v_c = 0$$

即　　　$\dfrac{1}{2}\dfrac{di_{L1}}{dt} + \dfrac{1}{8}\dfrac{di_{L2}}{dt} + 2i_{L1} + v_c = v_s$ ②

由迴路 c、e、d

$$\dfrac{1}{8}\dfrac{di_{L1}}{dt} + \dfrac{1}{4}\dfrac{di_{L2}}{dt} + v_c + 4i_{L1} = 0$$ ③

解②③得

$$\dfrac{di_{L1}}{dt} = -\dfrac{32}{7}i_{L1} + \dfrac{32}{7}i_{L2} + \dfrac{8}{7}v_c + \dfrac{16}{7}v_s$$ ④

$$\dfrac{di_{L2}}{dt} = \dfrac{16}{7}i_{L1} - \dfrac{128}{7}i_{L2} - \dfrac{24}{7}v_c - \dfrac{8}{7}v_s$$ ⑤

由①④⑤得其狀態方程式爲

$$\begin{bmatrix} \dfrac{dv_c}{dt} \\ \dfrac{di_{L1}}{dt} \\ \dfrac{di_{L2}}{dt} \end{bmatrix} = \begin{bmatrix} 0 & 2 & 2 \\ 8/7 & -32/7 & 32/7 \\ -24/7 & -16/7 & -128/7 \end{bmatrix} \begin{bmatrix} v_c \\ i_{L1} \\ i_{L2} \end{bmatrix} + \begin{bmatrix} 0 \\ 16/7 \\ -8/7 \end{bmatrix} \begin{bmatrix} v_s \end{bmatrix}$$

9.9 寫出下列耦合電路之狀態方程式。

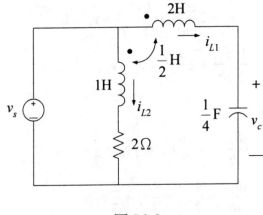

圖 P9.8

【解】 選擇的樹如下所示

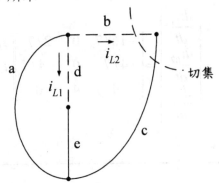

由切集：$-i_{L2} + \dfrac{1}{4}\dfrac{dv_c}{dt} = 0$

即 $\dfrac{dv_c}{dt} = 4i_{L2}$ ①

由迴路 a、d、e：

$$-v_s + 1\frac{di_{L1}}{dt} + \frac{1}{2}\frac{di_{L2}}{dt} + 2i_{L1} = 0$$

即 $\dfrac{di_{L1}}{dt} + \dfrac{1}{2}\dfrac{di_{L2}}{dt} + 2i_{L1} = v_s$ ②

由迴路 a、b、c

$$-v_s + 2\frac{di_{L2}}{dt} + \frac{1}{2}\frac{di_{L1}}{dt} + v_c = 0$$

即　　$$\frac{1}{2}\frac{di_{L1}}{dt} + 2\frac{di_{L2}}{dt} + v_c = v_s \qquad ③$$

由②③得

$$\frac{di_{L1}}{dt} = -\frac{16}{7}i_{L1} + \frac{2}{7}v_c + \frac{6}{7}v_s \qquad ④$$

及　　$$\frac{di_{L2}}{dt} = \frac{4}{7}i_{L1} - \frac{4}{7}v_c + \frac{2}{7}v_s$$

由①④⑤得其狀態方程式爲：

$$\begin{bmatrix} \dfrac{di_{L1}}{dt} \\ \dfrac{di_{L2}}{dt} \\ \dfrac{dv_c}{dt} \end{bmatrix} = \begin{bmatrix} -16/7 & 0 & 2/7 \\ 4/7 & 0 & -4/7 \\ 0 & 4 & 0 \end{bmatrix} \begin{bmatrix} i_{L1} \\ i_{L2} \\ v_c \end{bmatrix} + \begin{bmatrix} 6/7 \\ 2/7 \\ 0 \end{bmatrix} [v_s]$$

9.10 寫出下列網路的狀態方程式。

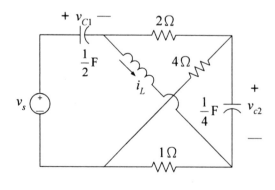

圖 P9.9

【解】 選擇一棵樹，如下所示：

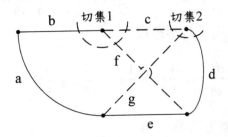

由切集 1： $-\dfrac{1}{4}\dfrac{dv_c}{dt}+i_L+\dfrac{v_{2\Omega}}{2}=0$

其中 $v_{2\Omega}=-v_{c1}+v_s-v_{c2}+1\times\left(-i_L-\dfrac{1}{4}\dfrac{dv_{c2}}{dt}\right)$

代入上式得

$$-\dfrac{1}{2}\dfrac{dv_{c1}}{dt}+i_L-\dfrac{1}{2}v_{c1}+\dfrac{1}{2}v_s-\dfrac{1}{2}v_{c2}-\dfrac{1}{2}i_L-\dfrac{1}{8}\dfrac{dv_{c2}}{dt}=0$$

或 $$-\dfrac{1}{2}\dfrac{dv_{c1}}{dt}-\dfrac{1}{8}\dfrac{dv_{c2}}{dt}-\dfrac{1}{2}v_{c1}-\dfrac{1}{2}v_{c2}+\dfrac{1}{2}i_L=-\dfrac{1}{2}v_s \quad ①$$

由切集 2：

$$-\dfrac{v_{2\Omega}}{2}+\left(\dfrac{1}{2}\dfrac{dv_{c1}}{dt}-i_L-\dfrac{1}{4}\dfrac{dv_{c1}}{dt}\right)+\dfrac{1}{4}\dfrac{dv_{c2}}{dt}=0$$

代入 $v_{2\Omega}$，並整理得：

$$\dfrac{1}{4}\dfrac{dv_{c1}}{dt}+\dfrac{3}{8}\dfrac{dv_{c2}}{dt}+\dfrac{1}{2}v_{c1}+\dfrac{1}{2}v_{c2}-\dfrac{1}{2}i_L=\dfrac{1}{2}v_s \quad ②$$

解①②式得：

$$\dfrac{dv_{c1}}{dt}=-\dfrac{4}{5}v_{c1}-\dfrac{4}{5}v_{c2}+\dfrac{4}{5}i_L+\dfrac{4}{5}v_s \quad ③$$

$$\dfrac{dv_{c2}}{dt}=-\dfrac{4}{5}v_{c1}-\dfrac{4}{5}v_{c2}+\dfrac{4}{5}i_L+\dfrac{4}{5}v_s \quad ④$$

由基本迴路 a、b、f、e：

$$-v_s + v_{c1} + 1 \times \frac{di_L}{dt} + 1 \times \left(i_L + \frac{1}{4} \frac{dv_{c2}}{dt} \right) = 0$$

將④式代入上式，並整理得

$$\frac{di_L}{dt} = -\frac{4}{5} v_{c1} + \frac{1}{5} v_{c2} - \frac{6}{5} i_L + \frac{4}{5} v_s \qquad ⑤$$

由③④⑤得其狀態方程式為

$$\begin{bmatrix} \dfrac{dv_{c1}}{dt} \\ \dfrac{dv_{c2}}{dt} \\ \dfrac{di_L}{dt} \end{bmatrix} = \begin{bmatrix} -\dfrac{4}{5} & -\dfrac{4}{5} & \dfrac{4}{5} \\ -\dfrac{4}{5} & -\dfrac{4}{5} & \dfrac{4}{5} \\ -\dfrac{4}{5} & \dfrac{1}{5} & -\dfrac{6}{5} \end{bmatrix} \begin{bmatrix} v_{c1} \\ v_{c2} \\ i_L \end{bmatrix} + \begin{bmatrix} \dfrac{4}{5} \\ \dfrac{4}{5} \\ \dfrac{4}{5} \end{bmatrix} \begin{bmatrix} v_s \end{bmatrix}$$

9.11 圖 P9.10 中，電容器之初始電壓 $v_c(0) = 10$ 伏特，列出狀態方程式，並解 i_L 及 v_c。

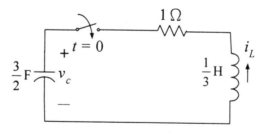

圖 P9.10

【解】　由 KVL 定理知

$$\frac{1}{3} \frac{di_L}{dt} + 1 \times i_L + v_c = 0$$

即 $\dfrac{di_L}{dt} = -3i_L - 3v_c$

又 $i_L = \dfrac{3}{2}\dfrac{dv_c}{dt}$

即 $\dfrac{dv_c}{dt} = \dfrac{2}{3}i_L$

狀態方程式爲

$$\begin{bmatrix} \dfrac{di_L}{dt} \\ \dfrac{dv_c}{dt} \end{bmatrix} = \begin{bmatrix} -3 & -3 \\ \dfrac{2}{3} & 0 \end{bmatrix} \begin{bmatrix} i_L \\ v_c \end{bmatrix}$$

矩陣 $A = \begin{bmatrix} -3 & -3 \\ \dfrac{2}{3} & 0 \end{bmatrix}$

$$|A - \lambda I| = \begin{vmatrix} -3-\lambda & -3 \\ \dfrac{2}{3} & \lambda \end{vmatrix} = \lambda^2 + 3\lambda + 2$$

$$= (\lambda + 1)(\lambda + 2) = 0$$

得 $\lambda_1 = -1$ ， $\lambda_2 = -2$

因 $e^{At} = \beta_0 I + \beta_1 A$

由 Cayley-Hamilton 定理知

$$e^{\lambda t} = \beta_0 I + \beta_1 \lambda$$

即 $e^{-t} = \beta_0 - \beta_1$
    $e^{-2t} = \beta_0 - 2\beta_1$

由上二式得
    $\beta_0 = 2e^{-t} - e^{-2t}$ ， $\beta_1 = e^{-t} - e^{-2t}$

故

$$e^{At} = \beta_0 I + \beta_1 A$$

$$= \begin{bmatrix} \beta_0 & 0 \\ 0 & \beta_0 \end{bmatrix} + \begin{bmatrix} -3\beta_1 & -3\beta_1 \\ \dfrac{2}{3}\beta_1 & 0 \end{bmatrix}$$

$$= \begin{bmatrix} 2e^{-t} - e^{-2t} & 0 \\ 0 & 2e^{-t} - e^{-2t} \end{bmatrix} + \begin{bmatrix} -3e^{-t} + 3e^{-2t} & -3e^{-t} + 3e^{-2t} \\ \dfrac{2}{3}e^{-t} - \dfrac{2}{3}e^{-2t} & 0 \end{bmatrix}$$

$$= \begin{bmatrix} -e^{-t} + 2e^{-2t} & -3e^{-t} + 3e^{-2t} \\ \dfrac{2}{3}e^{-t} - \dfrac{2}{3}e^{-2t} & 2e^{-t} - e^{-2t} \end{bmatrix}$$

又 $\displaystyle\int_0^t e^{A(t-\tau)} Br(\tau)d\tau = 0$ （∵輸入 $r(\tau)=0$ ）

$$\therefore \begin{bmatrix} i_L \\ v_c \end{bmatrix} = \begin{bmatrix} -e^{-t} + 2e^{-2t} & -3e^{-t} + 3e^{-2t} \\ \dfrac{2}{3}e^{-t} - \dfrac{2}{3}e^{-2t} & 2e^{-t} - e^{-2t} \end{bmatrix} \begin{bmatrix} 0 \\ 10 \end{bmatrix}$$

$$= \begin{bmatrix} -30e^{-t} + 30e^{-2t} \\ 20e^{-t} - 10e^{-2t} \end{bmatrix}$$

9.12 考慮圖 P9.11 之電路，(1)寫出狀態方程式，(2)若 $R_1 = R_2 = 1\Omega$，

$L_1 = L_2 = 1\text{H}$，$M = \dfrac{1}{2}\text{H}$，$v_s = u(t)$，解此狀態方程式。

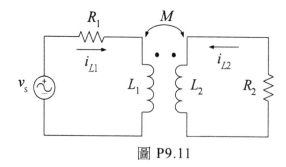

圖 P9.11

【解】

(1) 由變壓器左側迴路：

$$L_1 \frac{di_{L1}}{dt} + M \frac{di_{L2}}{dt} + R_1 i_{L1} = v_s \qquad \text{①}$$

由變壓器右側迴路：

$$M \frac{di_{L1}}{dt} + L_2 \frac{di_{L2}}{dt} + R_1 i_{L2} = 0 \qquad \text{②}$$

解①②得

$$\frac{di_{L1}}{dt} = -\frac{R_1 L_2}{L_1 L_2 - M^2} i_{L1} + \frac{MR_2}{L_1 L_2 - M^2} i_{L2} + \frac{L_2}{L_1 L_2 - M^2} v_s$$

$$\frac{di_{L2}}{dt} = \frac{R_1 M}{L_1 L_2 - M^2} i_{L1} - \frac{L_1 R_2}{L_1 L_2 - M^2} i_{L2} - \frac{M}{L_1 L_2 - M^2} v_s$$

狀態方程式為：

$$\begin{bmatrix} \dfrac{di_{L1}}{dt} \\ \dfrac{di_{L2}}{dt} \end{bmatrix} = \begin{bmatrix} -\dfrac{R_1 L_2}{L_1 L_2 - M^2} & \dfrac{MR_2}{L_1 L_2 - M^2} \\ \dfrac{R_1 M}{L_1 L_2 - M^2} & -\dfrac{L_1 R_2}{L_1 L_2 - M^2} \end{bmatrix} \begin{bmatrix} i_{L1} \\ i_{L2} \end{bmatrix} + \begin{bmatrix} \dfrac{L_2}{L_1 L_2 - M^2} \\ \dfrac{-M}{L_1 L_2 - M^2} \end{bmatrix} [v_s]$$

(2) 若 $R_1 = R_2 = 1\Omega$，$L_1 = L_2 = 1\text{H}$，$M = \dfrac{1}{2}\text{H}$

則

$$A = \begin{bmatrix} -\dfrac{4}{3} & \dfrac{2}{3} \\ \dfrac{2}{3} & -\dfrac{4}{3} \end{bmatrix} = \frac{2}{3}\begin{bmatrix} -2 & 1 \\ 1 & -2 \end{bmatrix}$$

$$B = \begin{bmatrix} \dfrac{4}{3} \\ -\dfrac{2}{3} \end{bmatrix}$$

$$|A - \lambda I| = \frac{2}{3} \begin{vmatrix} -2-\lambda & 1 \\ 1 & -2-\lambda \end{vmatrix} = \frac{2}{3}\left[(-2-\lambda)^2 - 1\right]$$

$$= \frac{2}{3}\left[\lambda^2 + 4\lambda + 3\right]$$

$$= \frac{2}{3}(\lambda + 1)(\lambda + 3) = 0$$

得 $\lambda_1 = -1$，$\lambda_2 = -3$

由 $e^{\lambda t} = \beta_0 I + \beta_1 \lambda$

得 $e^{-t} = \beta_0 - \beta_1$

$e^{-3t} = \beta_0 - 3\beta_1$

解上二式，得

$$\beta_0 = \frac{3}{2}e^{-t} - \frac{1}{2}e^{-3t}$$

$$\beta_1 = \frac{1}{2}e^{-t} - \frac{1}{2}e^{-3t}$$

故

$$e^{At} = \beta_0 I + \beta_1 A$$

$$= \begin{bmatrix} \beta_0 & 0 \\ 0 & \beta_0 \end{bmatrix} + \begin{bmatrix} -\dfrac{4}{3}\beta_1 & \dfrac{2}{3}\beta_1 \\ \dfrac{2}{3}\beta_1 & -\dfrac{4}{3}\beta_1 \end{bmatrix}$$

$$= \begin{bmatrix} \dfrac{3}{2}e^{-t} - \dfrac{1}{2}e^{-3t} & 0 \\ 0 & \dfrac{3}{2}e^{-t} - \dfrac{1}{2}e^{-3t} \end{bmatrix} + \begin{bmatrix} -\dfrac{3}{2}e^{-t} + \dfrac{2}{3}e^{-3t} & \dfrac{1}{3}e^{-t} - \dfrac{1}{3}e^{-3t} \\ \dfrac{1}{3}e^{-t} - \dfrac{1}{3}e^{-3t} & -\dfrac{3}{2}e^{-t} + \dfrac{2}{3}e^{-3t} \end{bmatrix}$$

$$= \begin{bmatrix} \dfrac{5}{6}e^{-t} + \dfrac{1}{6}e^{-3t} & \dfrac{1}{3}e^{-t} - \dfrac{1}{3}e^{-3t} \\ \dfrac{1}{3}e^{-t} - \dfrac{1}{3}e^{-3t} & \dfrac{5}{6}e^{-t} + \dfrac{1}{6}e^{-3t} \end{bmatrix}$$

又

$$\int_0^t e^{A(t-\tau)}Br(\tau)d\tau$$

$$= \int_0^t \begin{bmatrix} \frac{5}{6}e^{-(t-\tau)}+\frac{1}{6}e^{-3(t-\tau)} & \frac{1}{3}e^{-(t-\tau)}-\frac{1}{3}e^{-3(t-\tau)} \\ \frac{1}{3}e^{-(t-\tau)}-\frac{1}{3}e^{-3(t-\tau)} & \frac{5}{6}e^{-(t-\tau)}+\frac{1}{6}e^{-3(t-\tau)} \end{bmatrix} \begin{bmatrix} \frac{4}{3} \\ -\frac{2}{3} \end{bmatrix} d\tau$$

$$= \int_0^t \begin{bmatrix} \frac{1}{3}e^{-(t-\tau)}+\frac{4}{9}e^{-3(t-\tau)} \\ -\frac{1}{9}e^{-(t-\tau)}-e^{-3(t-\tau)} \end{bmatrix} d\tau$$

$$= \begin{bmatrix} \frac{13}{27}-\frac{1}{3}e^{-t}-\frac{4}{27}e^{-3t} \\ -\frac{2}{9}+\frac{1}{9}e^{-t}+\frac{1}{3}e^{-3t} \end{bmatrix}$$

（註：$t\geq 0$時，$r(\tau)=1$）

$$\therefore \begin{bmatrix} i_{L1} \\ i_{L2} \end{bmatrix} = \begin{bmatrix} \frac{5}{6}e^{-t}+\frac{1}{6}e^{-3t} & \frac{1}{3}e^{-t}-\frac{1}{3}e^{-3t} \\ \frac{1}{3}e^{-t}-\frac{1}{3}e^{-3t} & \frac{5}{6}e^{-t}+\frac{1}{6}e^{-3t} \end{bmatrix} \begin{bmatrix} i_{L1}(0) \\ i_{L2}(0) \end{bmatrix}$$

$$+ \begin{bmatrix} \frac{13}{27}-\frac{1}{3}e^{-t}-\frac{4}{27}e^{-3t} \\ -\frac{2}{9}+\frac{1}{9}e^{-t}+\frac{1}{3}e^{-3t} \end{bmatrix}$$

9.13 考慮圖 P9.2 之電路，(1)畫出此電路之對偶電路，(2)列出此對偶電路之狀態方程式。

【解】

(1)

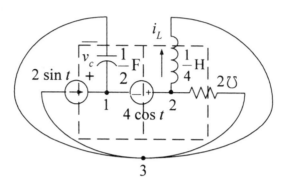

對偶電路如下：

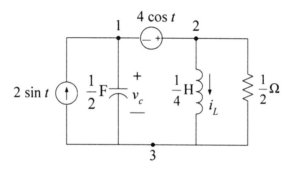

(3) 選擇的樹如下所示：

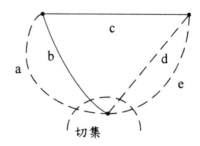

由切集：$2\sin t - \dfrac{1}{2}\dfrac{dv_c}{dt} - i_L - \dfrac{4\cos t + v_c}{1/2} = 0$

即 $\dfrac{dv_c}{dt} = -2i_L - 4v_c + 4\sin t - 16\cos t$

由迴路 b、c、d：

$$-v_c - 4\cos t + \frac{1}{4}\frac{di_L}{dt} = 0$$

即 $$\frac{di_L}{dt} = 4v_c + 16\cos t$$

故狀態方程式為

$$\begin{bmatrix} \dfrac{di_L}{dt} \\ \dfrac{dv_c}{dt} \end{bmatrix} = \begin{bmatrix} 0 & 4 \\ -2 & -4 \end{bmatrix}\begin{bmatrix} i_L \\ v_c \end{bmatrix} + \begin{bmatrix} 0 & 16 \\ 4 & -16 \end{bmatrix}\begin{bmatrix} \sin t \\ \cos t \end{bmatrix}$$

上述之結果可與習題 9.2 比較之。

9.14 考慮圖 P9.3 之電路，(1)畫出此電路之對偶電路，(2)列出此對偶電路之狀態方程式。

【解】(1)

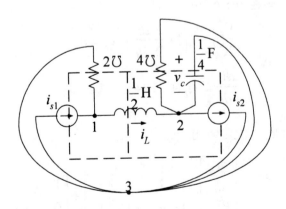

對偶電路如下：

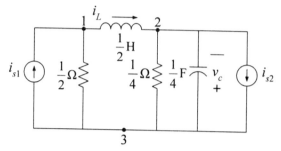

(2) 選擇一棵樹，如下所示：

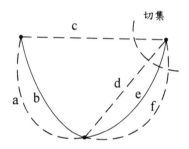

由切集：$-i_L + \dfrac{-v_c}{\dfrac{1}{4}} - \dfrac{1}{4}\dfrac{dv_c}{dt} + i_{s2} = 0$

即　　$\dfrac{dv_c}{dt} = -4i_L - 16v_c + 4i_{s2}$ 　　　　　①

由迴路 b、c、d：

$$\dfrac{1}{2}(i_L - i_{s1}) + \dfrac{1}{2}\dfrac{di_L}{dt} - v_c = 0$$

即　　$\dfrac{di_L}{dt} = -i_L + 2v_c + i_{s1}$ 　　　　　②

因此，由①②知

$$\begin{bmatrix} \dfrac{di_L}{dt} \\ \dfrac{dv_c}{dt} \end{bmatrix} = \begin{bmatrix} -1 & 2 \\ -4 & -16 \end{bmatrix} \begin{bmatrix} i_L \\ v_c \end{bmatrix} + \begin{bmatrix} 1 & 0 \\ 0 & 4 \end{bmatrix} \begin{bmatrix} i_{s1} \\ i_{s2} \end{bmatrix}$$

9.15 針對圖 P9.4 之電路，(1)畫出此電路之對偶電路，(2)寫出此對偶電路之狀態方程式。

【解】(1)

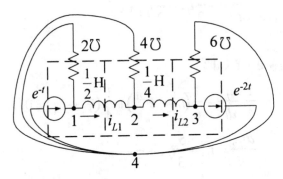

對偶電路如下：

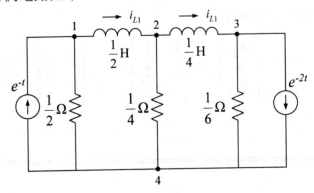

(2) 選擇一棵樹，如下所示

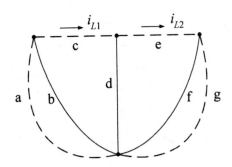

由迴路 c、d、b：

$$\frac{1}{2}\frac{di_{L1}}{dt}+\frac{1}{4}\left(i_{L1}-i_{L2}\right)+\frac{1}{2}\left(i_{L1}-e^{-t}\right)=0$$

即　　　$\dfrac{di_{L1}}{dt}=-\dfrac{3}{2}i_{L1}+\dfrac{1}{2}i_{L2}+e^{-t}$　　　　　①

由迴路 e、f、d：

$$\frac{1}{4}\frac{di_{L2}}{dt}+\frac{1}{6}\left(i_{L2}-e^{-2t}\right)+\frac{1}{4}\left(i_{L2}-i_{L1}\right)=0$$

即　　　$\dfrac{di_{L2}}{dt}=i_{L1}-\dfrac{5}{3}i_{L2}+\dfrac{2}{3}e^{-2t}$　　　　　②

因此，由①②知

$$\begin{bmatrix}\dfrac{di_{L1}}{dt}\\[2mm]\dfrac{di_{L2}}{dt}\end{bmatrix}=\begin{bmatrix}-\dfrac{3}{2}&\dfrac{1}{2}\\[2mm]1&-\dfrac{5}{3}\end{bmatrix}\begin{bmatrix}i_{L1}\\[2mm]i_{L2}\end{bmatrix}+\begin{bmatrix}1&0\\[2mm]0&\dfrac{2}{3}\end{bmatrix}\begin{bmatrix}e^{-t}\\[2mm]e^{-2t}\end{bmatrix}$$

第十章 習題

10.1 求下列函數之拉氏轉換：(1) $f(t)=\left(t^2+1\right)^2$，(2) $f(t)=\cos^2 2t$，

(3) $f(t)=e^{-t}(\cos 2t-2\sin 2t)$，(4) $f(t)=\cos(t+\alpha)$，

(5) $f(t)=e^{-t}(a+bt)$。

【解】 (1)　$f(t)=\left(t^2+1\right)^2=t^4+2t^2+1$

$$L[f(t)]=\frac{4!}{s^5}+\frac{2\times 2!}{s^3}+\frac{1}{s}$$

$$=\frac{24}{s^5}+\frac{4}{s^3}+\frac{1}{s}$$

(2)　$f(t)=\cos^2 2t=\frac{1}{2}(1+\cos 4t)$

$$L[f(t)]=\frac{1}{2}\left(\frac{1}{s}+\frac{s}{s^2+16}\right)$$

(3)　$f(x)=e^{-t}(\cos 2t-2\sin 2t)$

令 $f_1(t)=\cos 2t-2\sin 2t$

$$L[f_1(t)]=\frac{s}{s^2+4}-\frac{4}{s^2+4}$$

$$L[e^{-t}f_1(t)]=\frac{s+1}{(s+1)^2+4}-\frac{4}{(s+1)^2+4}$$

$$=\frac{s-3}{s^2+2s+5}$$

(4)　$f(t)=\cos(t+\alpha)=\cos t\cos\alpha-\sin t\sin\alpha$

$$L[f(t)]=\frac{s\cos\alpha}{s^2+1}-\frac{\sin\alpha}{s^2+1}$$

(5)　$f(t)=e^{-t}(a+bt)=ae^{-t}+bte^{-t}$

$$L[f(t)] = \frac{a}{s+1} + \left(\frac{b}{s^2}\bigg|_{S=S+1}\right)$$

$$= \frac{1}{s+1} + \frac{b}{(s+1)^2}$$

10.2 求下列圖形之拉氏轉換。

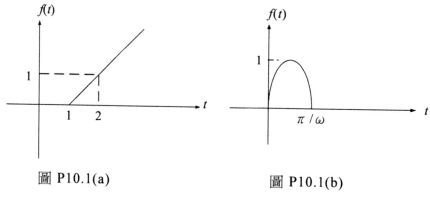

圖 P10.1(a)   圖 P10.1(b)

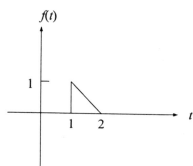

圖 P10.1(c)

【解】圖 P10.1(a)中，

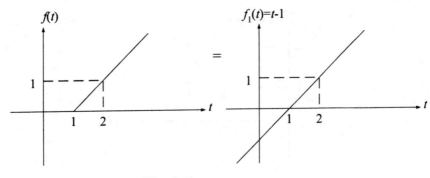

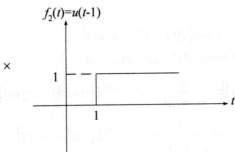

即 $f(t) = (t-1)u(t-1)$

$$L[f(t)] = e^{-s}L[t] = \frac{e^{-s}}{s^2}$$

圖 P10.1(b)中,

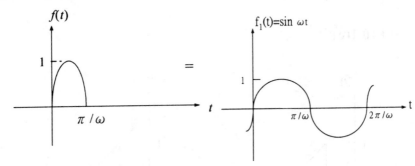

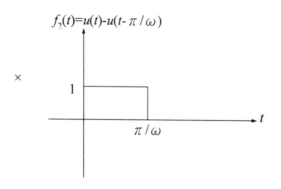

$$f_2(t)=u(t)-u(t-\pi/\omega)$$

即

$$f(t)=\sin\omega t[u(t)-u(t-\pi/\omega)]$$
$$=\sin\omega tu(t)-\sin\omega tu(t-\pi/\omega)$$

$$L[f(t)]=\frac{\omega}{s^2+\omega^2}-e^{-(\pi/\omega)s}L[\sin\omega(t+\pi/\omega)]$$

$$=\frac{\omega}{s^2+\omega^2}-e^{-(\pi/\omega)s}L[\sin(\omega t+\pi)]$$

$$=\frac{\omega}{s^2+\omega^2}-e^{-(\pi/\omega)s}L[-\sin\omega t]$$

$$=\frac{\omega}{s^2+\omega^2}+e^{-(\pi/\omega)s}\times\frac{\omega}{s^2+\omega^2}$$

$$=\frac{\omega}{s^2+\omega^2}\left[1+e^{-(\pi/\omega)s}\right]$$

圖 P10.1(c)中，

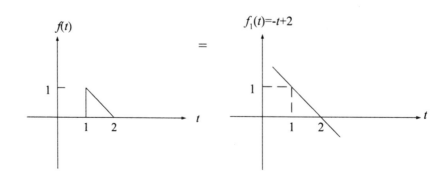

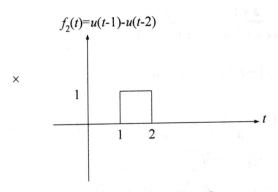

$f_2(t)=u(t-1)-u(t-2)$

即
$$f(t)=(-t+2)[u(t-1)-u(t-2)]$$
$$=(-t+2)u(t-1)-(-t+2)u(t-2)$$

$$L[f(t)]=e^{-S}L[-(t+1)+2]-e^{-2S}L[-(t+2)+2]$$
$$=e^{-S}L[-t+1]-e^{-2S}L[-t]$$
$$=e^{-S}\left(-\frac{1}{s^2}+\frac{1}{s}\right)-e^{-2S}\left(-\frac{1}{s^2}\right)$$
$$=e^{-S}\left(\frac{1}{s}-\frac{1}{s^2}\right)+e^{-2S}\left(\frac{1}{s^2}\right)$$

10.3 求下列函數之反拉氏轉換:(1) $F(s)=\dfrac{s}{s^2+2s+2}$,

(2) $F(s)=\dfrac{se^{-2s}}{s^2+9}$,(3) $F(s)=\dfrac{s-1}{(s+1)(s^2+2s+2)}$,

(4) $F(s)=\dfrac{s^2+s-2}{(s+1)^3}$,(5) $F(s)=\dfrac{1}{s^2(s+1)}$。

【解】(1) $F(s)=\dfrac{s}{s^2+2s+2}=\dfrac{s}{(s+1)^2+1}=\dfrac{(s+1)-1}{(s+1)^2+1}$

$$= \frac{s+1}{(s+1)^2 + 1} - \frac{1}{(s+1)^2 + 1}$$

$$L^{-1}F(s) = e^{-t}\cos t - e^{-t}\sin t$$

(2)　令 $F_1(s) = \dfrac{s}{s^2 + 9} = \dfrac{s}{s^2 + 3^2}$

$$L^{-1}[F_1(s)] = \cos 3t$$

$$L^{-1}[e^{-2S}F_1(s)] = [\cos 3(t-2)]u(t-2)$$

(3)　$F(s) = \dfrac{s-1}{(s+1)(s^2+2s+2)} = \dfrac{-2}{s+1} + \dfrac{As+B}{s^2+2s+2}$

$$= \frac{-2(s^2+2s+2) + (As+B)(s+1)}{(s+1)(s^2+2s+2)}$$

$$= \frac{(-2+A)s^2 + (A+B-4) + B-4}{(s+1)(s^2+2s+2)}$$

比較分子項係數得 $A = 2$，$B = 3$，因此，

$$F(s) = \frac{-2}{s+1} + \frac{2s+3}{s^2+2s+2} = \frac{-2}{s+1} + \frac{2(s+1)+1}{(s+1)^2+1}$$

$$= \frac{-2}{s+1} + \frac{2(s+1)}{(s+1)^2+1} + \frac{1}{(s+1)^2+1}$$

$$L^{-1}F(s) = -2e^{-t} + 2e^{-t}\cos t + e^{-t}\sin t$$

$$= e^{-t}(-2 + 2\cos t + \sin t)$$

(4)　$F(s) = \dfrac{s^2+s-2}{(s+1)^3} = \dfrac{A_1}{(s+1)} + \dfrac{A_2}{(s+1)^2} + \dfrac{A_3}{(s+1)^3}$

令　$R(s) = s^2 + s - 2$，$R(-1) = -2$

　$R'(s) = 2s + 1$，$R'(-1) = -1$

$$R''(s) = 2 \quad , \quad R''(-1) = 2$$

$$A_3 = \frac{R(-1)}{0!} = -2$$

$$A_2 = \frac{R'(-1)}{1!} = -1$$

$$A_1 = \frac{R''(-1)}{2!} = 1$$

$$\therefore F(s) = \frac{1}{s+1} + \frac{-1}{(s+1)^2} + \frac{-2}{(s+1)^3}$$

$$\therefore L^{-1}[F(s)] = e^{-t} - te^{-t} - t^2 e^{-t}$$
$$= e^{-t}(1 - t - t^2)$$

(5) $$F(s) = \frac{1}{s^2(s+1)} = \frac{1}{s+1} + \frac{As+B}{s^2} = \frac{s^2 + (s+1)(As+B)}{s^2(s+1)}$$
$$= \frac{(1+A)s^2 + (A+B)s + B}{s^2(s+1)}$$

比較分子項係數得 $A = -1$, $B = 1$

$$\therefore F(s) = \frac{1}{s+1} + \frac{-s+1}{s^2} = \frac{1}{s+1} - \frac{1}{s} + \frac{1}{s^2}$$

$$L^{-1}F(s) = e^{-t} - 1 + t$$

10.4 圖 P10.2 為一全波整流後的波形，$f(t) = |\sin\omega t|$，求其拉氏轉換。

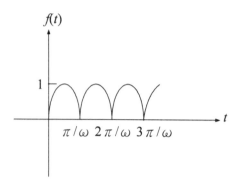

圖 P10.2

【解】 週期 $T = \pi/\omega$

令 $f_1(t) = \sin\omega t\left[u(t) - u(t - \pi/\omega)\right] = $ 一週期波形

$\qquad = \sin\omega t\, u(t) - \sin\omega t\, u(t - \pi/\omega)$

$$L\left[f_1(t)\right] = \frac{\omega}{s^2 + \omega^2} - e^{-(\pi/\omega)s} L\left[\sin\omega(t + \pi/\omega)\right]$$

$$= \frac{\omega}{s^2 + \omega^2} - e^{-(\pi/\omega)s} L\left[-\sin\omega t\right]$$

$$= \frac{\omega}{s^2 + \omega^2} + e^{-(\pi/\omega)s} \times \frac{\omega}{s^2 + \omega^2}$$

$$= \frac{\omega}{s^2 + \omega^2}\left(1 + e^{-(\pi/\omega)s}\right)$$

$$L\left[f(t)\right] = \frac{1 + e^{-(\pi/\omega)s}}{1 - e^{-(\pi/\omega)s}} \frac{\omega}{s^2 + \omega^2}$$

10.5 求圖 P10.3 波形之拉氏轉換,其中 $f(t) = 1 + t^2 \left(0 < t < 1\right)$。

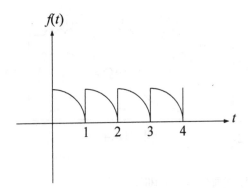

圖 P10.3

【解】　$T = 1$，令

$$f_1(t) = (1 - t^2)[u(t) - u(t-1)]$$
$$= (1 - t^2)u(t) - (1 - t^2)u(t-1)$$

$$L[f_1(t)] = \frac{1}{s} - \frac{2}{s^3} - e^{-s}L[1 - (t+1)^2]$$

$$= \frac{1}{s} - \frac{2}{s^3} - e^{-s}L[-t^2 - 2t]$$

$$= \frac{1}{s} - \frac{2}{s^3} - e^{-s}\left[-\frac{2}{s^3} - \frac{2}{s^2}\right]$$

$$= \frac{1}{s} - \frac{2}{s^3} + \frac{2e^{-s}}{s^3} + \frac{2e^{-s}}{s^2}$$

$$L[f(t)] = \frac{1}{1 - e^{-TS}}L[f_1(t)]$$

$$= \frac{1}{1 - e^{-S}}\left[\frac{1}{s} - \frac{2}{s^3} + \frac{2e^{-s}}{s^3} + \frac{2e^{-s}}{s^2}\right]$$

10.6　圖 P10.4 中，開關於 $t = 0$ 時閉合，試求電流 i_1 及 i_2。

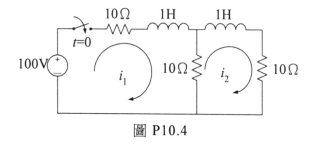

圖 P10.4

【解】 應用 KVL 於兩迴路,則

$$\begin{cases} 10i_1 + \dfrac{di_1}{dt} + 10(i_1 - i_2) = 100 \\[2mm] 10(i_2 - i_1) + \dfrac{di_2}{dt} + 10i_2 = 0 \end{cases}$$

即 $\begin{cases} \dfrac{di_1}{dt} + 20i_1 - 10i_2 = 100 \\[2mm] -10i_1 + \dfrac{di_2}{dt} + 20i_2 = 0 \end{cases}$

$i_1(0)$ 及 $i_2(0)$ 均為零,兩邊取拉氏轉換得

$$\begin{cases} (s+20)I_1(s) - 10I_2(s) = \dfrac{100}{s} \\[2mm] -10I_1(s) + (s+20)I_2(s) = 0 \end{cases}$$

$$I_1(s) = \frac{\begin{vmatrix} \frac{100}{s} & -10 \\ 0 & s+20 \end{vmatrix}}{\begin{vmatrix} s+20 & -10 \\ -10 & s+20 \end{vmatrix}} = \frac{\frac{100}{s}(s+20)}{s^2 + 40s + 300}$$

$$= \frac{100(s+20)}{s(s+10)(s+30)} = \frac{\frac{20}{3}}{s} + \frac{-5}{s+10} + \frac{-\frac{5}{3}}{s+30}$$

故 $i_1(t) = L^{-1}[I_1(s)] = \left(\dfrac{20}{3} - 5e^{-10t} - \dfrac{5}{3}e^{-30t} \right)u(t)$ (A)

$$I_2(s) = \frac{\begin{vmatrix} s+20 & \frac{100}{s} \\ -10 & 0 \end{vmatrix}}{s^2 + 40s + 300} = \frac{1000}{s(s+10)(s+30)}$$

$$= \frac{\frac{10}{3}}{s} + \frac{-5}{s+10} + \frac{\frac{5}{3}}{s+30}$$

$$i_2(t) = L^{-1}[I_2(s)] = \left(\frac{10}{3} - 5e^{-10t} + \frac{5}{3}e^{-30t}\right)u(t) \text{ (A)}$$

10.7　圖 P10.5 中，開關於 $t=0$ 時閉合，電感及電容無初能，求 $i_2(t)$。

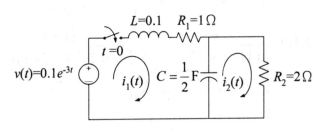

圖 P10.5

【解】　應用 KVL 於兩迴路，則

$$\begin{cases} 0.1\dfrac{di_1}{dt} + i_1 + 2\displaystyle\int_0^t (i_1 - i_2)dt = 0.1e^{-3t} \\ 2\displaystyle\int_0^t (i_2 - i_1)dt + 2i_2 = 0 \end{cases}$$

即　$\begin{cases} 0.1\dfrac{di_1}{dt} + i_1 + 2\displaystyle\int_0^t i_1 dt - 2\displaystyle\int_0^t i_2 dt = 0.1e^{-3t} \\ -2\displaystyle\int_0^t i_1 dt + 2\displaystyle\int_0^t i_2 dt + 2i_2 = 0 \end{cases}$

取拉氏轉換得

$$\begin{cases} 0.1sI_1(s) + I_1(s) + \dfrac{2}{s}I_1(s) - \dfrac{2}{s}I_2(s) = \dfrac{0.1}{s+3} \\ -\dfrac{2}{s}I_1(s) + \dfrac{2}{s}I_2(s) + 2I_2(s) = 0 \end{cases}$$

$$\begin{cases} \left(\dfrac{0.1s^2 + s + 2}{s}\right)I_1(s) - \dfrac{2}{s}I_2(s) = \dfrac{0.1}{s+3} \\ -\dfrac{2}{s}I_1(s) + \left(\dfrac{2+2s}{s}\right)I_2(s) = 0 \end{cases}$$

$$I_2(s) = \frac{\begin{vmatrix} \dfrac{0.1s^2 + s + 2}{s} & \dfrac{0.1}{s+3} \\ -\dfrac{2}{s} & 0 \end{vmatrix}}{\begin{vmatrix} \dfrac{0.1s^2 + s + 2}{s} & -\dfrac{2}{s} \\ -\dfrac{2}{s} & \dfrac{2+2s}{s} \end{vmatrix}} = \frac{\dfrac{0.2}{s(s+3)}}{\dfrac{0.2s^2 + 2.2s + 6}{s}}$$

$$= \frac{1}{(s+3)(s+5)(s+6)} = \frac{\dfrac{1}{6}}{s+3} + \frac{-\dfrac{1}{2}}{s+5} + \frac{\dfrac{1}{3}}{s+6}$$

$$i_2(t) = L^{-1}[I_2(s)] = \left(\frac{1}{6}e^{-3t} - \frac{1}{2}e^{-5t} + \frac{1}{3}e^{-6t}\right)u(t) \ (A)$$

10.8 考慮圖 P10.6 之電路，求 $v_L(t)$。

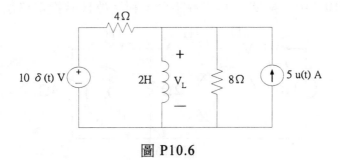

圖 P10.6

【解】 應用 KCL 於電感器上方節點

$$\frac{v_L - 10\delta(t)}{4} + \frac{1}{2}\int_0^t v_L dt + \frac{v_L}{8} - 5u(t) = 0$$

即 $\frac{3}{8}v_L + \frac{1}{2}\int_0^t v_L dt = 5u(t) + \frac{5}{2}\delta(t)$

或 $3v_L + 4\int_0^t v_L dt = 40u(t) + 20\delta(t)$

兩邊取拉氏轉換，得

$$3V_L(s) + \frac{4}{s}V_L(s) = \frac{40}{s} + 20$$

$$\left(\frac{3s+4}{s}\right)V_L(s) = \frac{40+20s}{s}$$

$$V_L(s) = \frac{20s+40}{s} \times \frac{s}{3s+4} = \frac{20\left(s+\frac{4}{3}\right)+\frac{40}{3}}{3\left(s+\frac{4}{3}\right)}$$

$$= \frac{20}{3} + \frac{40}{9}\left(\frac{1}{s+\frac{4}{3}}\right)$$

$$v_L(t) = L^{-1}[V_L(s)] = \frac{20}{3}\delta(t) + \frac{40}{9}e^{-\frac{4}{3}t}u(t) \quad (V)$$

10.9 圖 P10.7 中，開關於 $t=0$ 時閉合，利用拉氏轉換電路法求 $i_2(t)$。

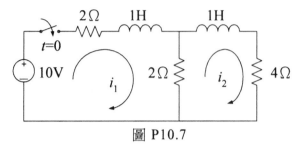

圖 P10.7

【解】 因電感無初能，其拉氏轉換電路如下

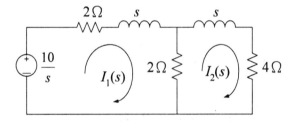

應用 KVL 於兩迴路，則

$$\begin{cases} (s+4)I_1(s) - 2I_2(s) = \dfrac{10}{s} \\ -2I_1(s) + (s+6)I_2(s) = 0 \end{cases}$$

$$I_2(s) = \frac{\begin{vmatrix} s+4 & \dfrac{10}{s} \\ -2 & 0 \end{vmatrix}}{\begin{vmatrix} s+4 & -2 \\ -2 & s+6 \end{vmatrix}} = \frac{\dfrac{20}{s}}{s^2 + 10s + 20}$$

$$= \frac{20}{s(s^2 + 10s + 20)} = \frac{1}{s} + \frac{As + B}{s^2 + 10s + 20}$$

$$= \frac{(1+A)s^2 + (10+B)s + 20}{s(s^2 + 10s + 20)}$$

比較分子項係數得 $A = -1$，$B = -10$

$$\therefore I_2(s) = \frac{1}{s} + \frac{-s-10}{s^2+10s+20} = \frac{1}{s} - \frac{s+10}{s^2+10s+20}$$

$$= \frac{1}{s} - \frac{(s+5)+5}{(s+5)^2 - (\sqrt{5})^2}$$

$$= \frac{1}{s} - \frac{s+5}{(s+5)^2 - (\sqrt{5})^2} - \frac{\sqrt{5} \times \sqrt{5}}{(s+5)^2 - (\sqrt{5})^2}$$

$$i_2(t) = L^{-1}[I_2(s)]$$
$$= \left(1 - e^{-5t}\cosh\sqrt{5}t - \sqrt{5}e^{-5t}\sinh\sqrt{5}t\right)u(t) \text{ (A)}$$

10.10 圖 P10.8 中,若 $i(0) = 2A$,利用拉氏轉換電路法求 $i(t)$。

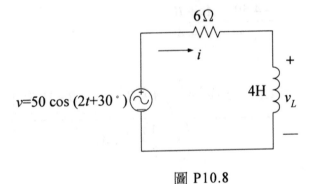

圖 P10.8

【解】 頻域之拉氏轉換電路如下:

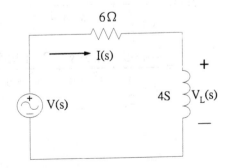

其中

$$v = 50\cos(2t + 30°)$$
$$= 50(\cos 2t \cos 30° - \sin 2t \sin 30°)$$
$$= 50\left(\frac{\sqrt{3}}{2}\cos 2t - \frac{1}{2}\sin 2t\right)$$
$$= 25\sqrt{3}\cos 2t - 25\sin 2t$$

$$V(s) = L[v] = \frac{25\sqrt{3}s}{s^2+4} - \frac{50}{s^2+4} = \frac{25\sqrt{3}s - 50}{s^2+4}$$

$$I(s) = \frac{V(s)}{4s+6} = \frac{V(s)}{4\left(s+\frac{3}{2}\right)} = \frac{\dfrac{25\sqrt{3}}{4}s - \dfrac{25}{2}}{\left(s+\dfrac{3}{2}\right)(s^2+4)}$$

$$= \frac{-4.59}{s+\dfrac{3}{2}} + \frac{As+B}{s^2+4}$$

$$= \frac{(A-4.59)s^2 + \left(\dfrac{3}{2}A+B\right)s + \left(\dfrac{3}{2}B-18.36\right)}{\left(s+\dfrac{3}{2}\right)(s^2+4)}$$

比較分子項係數得 $A = 4.59$ ， $B = 3.91$

$$I(s) = \frac{-4.59}{s+\dfrac{3}{2}} + \frac{4.59s+3.91}{s^2+4}$$

$$= \frac{-4.95}{s+\dfrac{3}{2}} + \frac{4.59s}{s^2+4} + \frac{2\times1.955}{s^2+4}$$

$$i(t) = -4.95e^{-\frac{3}{2}t} + 4.59\cos 2t + 1.955\sin 2t$$

$$= -4.95e^{-\frac{3}{2}t} + 5\left[\cos\left(\cos^{-1}\frac{4.59}{5}\right)\cos 2t + \sin\left(\sin^{-1}\frac{1.955}{5}\right)\sin 2t\right]$$

$$= -4.95e^{-\frac{3}{2}t} + 5(\cos 23°\cos 2t + \sin 23°\sin 2t)$$

$$= -4.95e^{-\frac{3}{2}t} + 5\cos(2t - 23°)\ (A)$$

10.11 圖 P10.9 中,當開關閉合時,電路已處於穩定狀態,今於 $t = 0$ 時打開,求 $i_{L1}(t)$,$t \geq 0$。

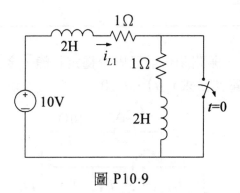

圖 P10.9

【解】 $t < 0$ 時,電路已達穩態,$i_{L1}(0^-) = \dfrac{10}{1} = 10\ (A)$

$t = 0$ 時,開關打開,其拉氏轉換電路如下:

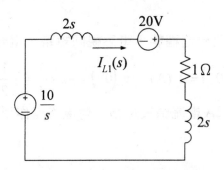

應用 KVL：

$$-\frac{10}{s} + 2sI_{L1}(s) - 20 + I_{L1}(s) + 2sI_{L1}(s) = 0$$

即　$(4s+1)I_{L1}(s) = 20 + \frac{10}{s} = \frac{20s+10}{s}$

$$I_{L1}(s) = \frac{20s+10}{s} \times \frac{1}{4s+1} = \frac{5s+2.5}{s(s+0.25)}$$

$$= \frac{10}{s} + \frac{-5}{s+0.25}$$

$$i_{L1}(t) = L^{-1}[I_{L1}(s)] = 10u(t) - 5e^{-0.25t}u(t) \text{ (A)}$$

10.12 圖 P10.10 中，開關閉合前已處於穩定狀態，今於 $t = 0$ 時閉合，利用拉氏轉換電路法求 $v_c(t)$，$t \geq 0$。

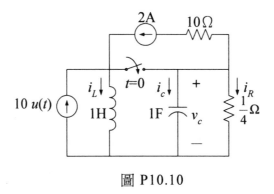

圖 P10.10

【解】　$t < 0$ 時電路已達穩態，電感視同短路，電容斷路，且 $10u(t)$ 斷路，故 $i_L(0^-) = 2$ (A)，$v_c(0^-) = -2 \times \frac{1}{4} = -\frac{1}{2}$ (V)。$t = 0$ 時，開關閉合，2A 電流源被短路，對電路無作用，其拉氏轉換電路如下：

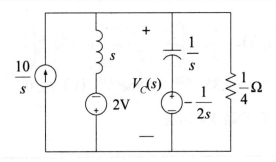

由 KCL：

$$\frac{V_C(s)+2}{s}+\frac{V_C(s)+\dfrac{1}{2s}}{\dfrac{1}{s}}+\frac{V_C(s)}{\dfrac{1}{4}}=\frac{10}{s}$$

$$\left(\frac{1}{s}+s+4\right)V_C(s)=\frac{8}{s}-\frac{1}{2}$$

$$\frac{s^2+4s+1}{s}V_C(s)=\frac{-s+16}{2s}$$

$$V_C(s)=\frac{-\dfrac{1}{2}s+8}{s^2+4s+1}=\frac{-\dfrac{1}{2}(s+2)+9}{(s+2)^2-\left(\sqrt{3}\right)^2}$$

$$=\frac{-\dfrac{1}{2}(s+2)}{(s+2)^2-\left(\sqrt{3}\right)^2}+\frac{\sqrt{3}\times3\sqrt{3}}{(s+2)^2-\left(\sqrt{3}\right)^2}$$

$$v_c(t)=L^{-1}[V_C(s)]$$

$$=-\frac{1}{2}e^{-2t}\cosh\sqrt{3}t+3\sqrt{3}e^{-2t}\sin\sqrt{3}t \ (\text{V}),\ t\geq0$$

或表示爲

$$v_c(t) = -\frac{1}{2}e^{-2t}\left(\frac{e^{\sqrt{3}t} + e^{-\sqrt{3}t}}{2}\right) + 3\sqrt{3}e^{-2t}\left(\frac{e^{\sqrt{3}t} - e^{-\sqrt{3}t}}{2}\right)$$

$$= 2.35e^{-0.27t} - 2.85e^{-3.75t} \ (\text{V}),\ t \geq 0$$

其結果與例題 5.7 相同

10.13 圖 P10.11 中，$i_1(0) = 1\text{A}$，$V_2(0) = 2\text{V}$，$V_3(0) = 1\text{V}$，求 $v_3(t)$，$t > 0$。

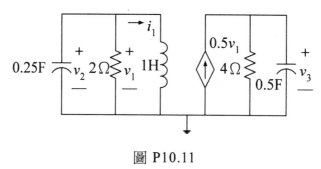

圖 P10.11

【解】 將原電路轉換爲拉氏轉換電路如下：

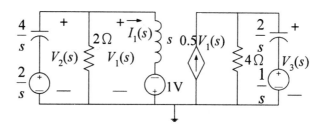

由 KCL：

$$\begin{cases} \dfrac{V_2(s) - \dfrac{2}{s}}{\dfrac{4}{s}} + \dfrac{V_2(s)}{2} + \dfrac{V_2(s)+1}{s} = 0 \\[4em] -0.5V_1(s) + \dfrac{V_3(s)}{4} + \dfrac{V_3(s) - \dfrac{1}{s}}{\dfrac{2}{s}} = 0 \end{cases}$$

因　$V_1(s) = V_2(s)$，上式經整理可得

$$V_2(s) = \frac{2(s-2)}{s^2 + 2s + 4}$$

$$V_3(s) = \frac{4}{2s+1} \times \left[\frac{1}{2} + \frac{1}{2}V_2(s) \right] = \frac{4}{2s+1} \times \frac{s^2 + 3s + 2}{2(s^2 + 2s + 4)}$$

$$= \frac{s^2 + 3s + 2}{(s+0.5)(s^2 + 2s + 4)} = \frac{\dfrac{3}{13}}{s+0.5} + \frac{As + B}{s^2 + 2s + 4}$$

$$= \frac{\dfrac{3}{13}(s^2 + 2s + 4) + (s+0.5)(As + B)}{(s+0.5)(s^2 + 2s + 4)}$$

$$= \frac{\left(\dfrac{3}{13} + A\right)s^2 + \left(\dfrac{6}{13} + B + 0.5\right)s + \dfrac{12}{13} + 0.5B}{(s+0.5)(s^2 + 2s + 4)}$$

比較分子項係數得 $A = \dfrac{10}{13}$，$B = \dfrac{28}{13}$

$$\therefore V_3(s) = \frac{\dfrac{3}{13}}{s+0.5} + \frac{\dfrac{10}{13}s + \dfrac{28}{13}}{s^2 + 2s + 4} = \frac{1}{13}\left(\frac{3}{s+0.5} + \frac{10s + 28}{s^2 + 2s + 4}\right)$$

$$= \frac{1}{13}\left[\frac{3}{s+0.5} + \frac{10(s+1)+18}{(s+1)^2+\left(\sqrt{3}\right)^2}\right]$$

$$= \frac{1}{13}\left[\frac{3}{s+0.5} + \frac{10(s+1)}{(s+1)^2+\left(\sqrt{3}\right)^2} + \frac{\sqrt{3}\times\frac{18\sqrt{3}}{3}}{(s+1)^2+\left(\sqrt{3}\right)^2}\right]$$

$$v_3(t) = L^{-1}[V_3(s)]$$

$$= \frac{1}{13}\left(3e^{-0.5t} + 10e^{-t}\cos\sqrt{3}t + \frac{18\sqrt{3}}{3}e^{-t}\sin\sqrt{3}t\right) \text{(V)}, \ t \geq 0$$

10.14 圖 P10.12 中，試求(1)脈衝響應，(2)輸出電壓 $v_0(t)$，若 $v_i(t) = 10\mu(t)$。

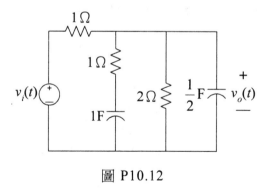

圖 P10.12

【解】 (1) 頻域電路如下：

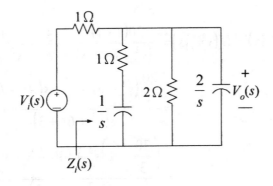

$$Z_i(s) = \left(1 + \frac{1}{s}\right) // 2 // \frac{2}{s}$$

$$= \frac{1}{\dfrac{s}{s+1} + \dfrac{1}{2} + \dfrac{s}{2}} = \frac{2(s+1)}{s^2 + 4s + 1}$$

$$H(s) = \frac{V_0(s)}{V_i(s)} = \frac{Z_i(s)}{Z_i(s)+1} = \frac{\dfrac{2(s+1)}{s^2 + 4s + 1}}{\dfrac{2(s+1)}{s^2 + 4s + 1} + 1}$$

$$= \frac{2(s+1)}{s^2 + 6s + 3} = \frac{2(s+3) - 4}{(s+3)^2 - \left(\sqrt{6}\right)^2}$$

$$= \frac{2(s+3)}{(s+3)^2 - \left(\sqrt{6}\right)^2} - \frac{\sqrt{6} \times \dfrac{2}{3}\sqrt{6}}{(s+3)^2 - \left(\sqrt{6}\right)^2}$$

脈衝響應

$$h(t) = L^{-1}[H(s)]$$

$$= 2e^{-3t}\cosh\sqrt{6}t - \frac{2\sqrt{6}}{3}e^{-3t}\sinh\sqrt{6}t$$

(2) 若 $v_i(t) = 10u(t)$，則 $V_i(s) = L[10u(t)] = \dfrac{10}{s}$

$$V_o(s) = H(s)V_i(s) = \frac{20(s+1)}{s(s^2+6s+3)} = \frac{\dfrac{20}{3}}{s} + \frac{As+B}{s^2+6s+3}$$

$$= \frac{\dfrac{20}{3}(s^2+6s+3)+s(As+B)}{s(s^2+6s+3)}$$

$$= \frac{\left(\dfrac{20}{3}+A\right)s^2+(40+B)s+20}{s(s^2+6s+3)}$$

比較分子項係數得 $A = -\dfrac{20}{3}$, $B = -20$

$$\therefore V_o(s) = \frac{\dfrac{20}{3}}{s} + \frac{-\dfrac{20}{3}s-20}{s^2+6s+3} = \frac{\dfrac{20}{3}}{s} - \frac{\dfrac{20}{3}s+20}{s^2+6s+3}$$

$$= \frac{\dfrac{20}{3}}{s} - \frac{\dfrac{20}{3}(s+3)}{(s+3)^2-(\sqrt{6})^2}$$

$$v_o(t) = L^{-1}[V_o(s)]$$

$$= \frac{20}{3}u(t) - \frac{20}{3}e^{-3t}\cosh\sqrt{6}tu(t) \quad (\text{V})$$

10.15 圖 P10.13(a)中，(1)求 $i_2(t)$ 之脈衝響應，(2)求(b)圖三角脈波激發下的響應。

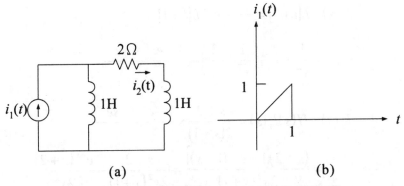

圖 P10.13 (a)原電路，(b)以三角形激發

【解】(1) 原電路之拉氏轉換電路如下

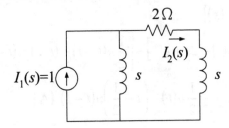

$$I_2(s) = \frac{2+s}{2+s+s} \times I_1(s) = \frac{s+2}{2s+2} \times 1 = \frac{1}{2}\left[\frac{(s+1)+1}{s+1}\right]$$

$$= \frac{1}{2}\left[1 + \frac{1}{s+1}\right]$$

脈衝響應

$$h(t) = i_2(t) = \frac{1}{2}\left[\delta(t) + e^{-t}u(t)\right]$$

(2)　　　$i_1(t) = t[u(t) - u(t-1)] = tu(t) - tu(t-1)$

$$I_1(s) = L[i_1(t)] = \frac{1}{s^2} - e^{-s}L[t+1]$$

$$= \frac{1}{s^2} - e^{-s}\left(\frac{1}{s^2} + \frac{1}{s}\right) = \frac{1 - e^{-s} - se^{-s}}{s^2}$$

$$I_2(s) = H(s)I_1(s) = \frac{s+2}{2(s+1)} \times \frac{1 - e^{-s} - se^{-s}}{s^2}$$

$$= \frac{(s+2)\left[1 - e^{-s}(1+s)\right]}{2s^2(s+1)} = \frac{s+2}{2s^2(s+1)} - \frac{e^{-s}(s+2)}{2s^2}$$

$$= \left[\frac{1}{2}\left(\frac{-1}{s} + \frac{2}{s^2} + \frac{1}{s+1}\right)\right] - \left[\left(\frac{1}{2s} + \frac{1}{s^2}\right)e^{-s}\right]$$

$$i_2(t) = L^{-1}[I_2(s)]$$

$$= \frac{1}{2}\left[-u(t) + 2t + e^{-t}\right] - \left[\frac{1}{2}u(t-1) + (t-1)u(t-1)\right]$$

$$= t + \frac{1}{2}e^{-t} - \frac{1}{2}u(t) - \left(t - \frac{1}{2}\right)u(t-1) \ (\text{A})$$

10.16 已知方程式：

$$y''(t) + 4y'(t) + 3y(t) = 6x(t)$$

其中 $x(t)$ 是輸入，$y(t)$ 為輸出，求(1)轉移函數，(2)脈衝響應，(3)步級響應。

【解】(1)將原方程式取拉氏轉換，即

$$s^2Y(s) + 4sY(s) + 3Y(s) = 6X(s) \qquad （初始值為零）$$

$$(s^2 + 4s + 3)Y(s) = 6X(s)$$

$$\therefore H(s) = \frac{Y(s)}{X(s)} = \frac{6}{s^2 + 4s + 3}$$

(1) 求脈衝響應時，即令 $x(t) = \delta(t)$

則　$X(s) = L[\delta(t)] = 1$

$$\therefore Y(s) = H(s)X(s) = \frac{6}{s^2 + 4s + 3} = \frac{3}{s+1} + \frac{-3}{s+3}$$

$$y(t) = \left(3e^{-t} - 3e^{-3t}\right)u(t)$$

(3) 　　$x(t) = u(t)$，$L[u(t)] = \dfrac{1}{s} = X(s)$

$$Y(s) = H(s)X(s) = \frac{6}{s(s+1)(s+3)} = \frac{2}{s} + \frac{-3}{s+1} + \frac{1}{s+3}$$

$$y(t) = L^{-1}[Y(s)] = \left(2 - 3e^{-t} + e^{-3t}\right)u(t)$$

10.17 應用迴旋定理求(1) $\dfrac{1}{s^2 + 5s + 6}$ ，(2) $\dfrac{1}{s(s^2 + 1)}$ 的反拉氏轉換。

【解】(1)令　$F(s) = \dfrac{1}{s^2 + 5s + 6} = \dfrac{1}{(s+2)(s+3)} = \left(\dfrac{1}{s+2}\right)\left(\dfrac{1}{s+3}\right)$

$$L^{-1}[F(s)] = L^{-1}\left[\frac{1}{s+2}\right] * L^{-1}\left[\frac{1}{s+3}\right]$$

$$= e^{-2t} * e^{-3t}$$

$$= \int_0^t e^{-2\tau} e^{-3(t-\tau)} d\tau$$

$$= e^{-3t} \int_0^t e^{\tau} d\tau$$

$$= e^{-3t}\left(e^{\tau}\Big|_0^t\right)$$

$$= e^{-3t}\left(e^{t} - 1\right)$$

$$= \left(e^{-2t} - e^{-3t}\right)u(t)$$

(2)令　$F(s) = \dfrac{1}{s(s^2 + 1)} = \left(\dfrac{1}{s}\right)\left(\dfrac{1}{s^2 + 1}\right)$

$$= L^{-1}\left[\frac{1}{s}\right] * L^{-1}\left[\frac{1}{s^2 + 1}\right]$$

$$= u(t) * \sin t$$

$$= \int_0^t \sin \tau d\tau$$

$$= -\cos \tau \Big|_0^t$$

$$= (1 - \cos t)u(t)$$

第十一章 習題

11.1 試畫出下列參數之雙埠等效電路。

(a) $[Z]=\begin{bmatrix} 6 & 2 \\ 1 & 3 \end{bmatrix}$ (b) $[Y]=\begin{bmatrix} 6 & -1 \\ -2 & 2 \end{bmatrix}$

【解】 (a) $V_1 = 6I_1 + 2I_2$
$V_2 = I_1 + 3I_2$

(b) $I_1 = 6V_1 - V_2$
$I_2 = -2V_1 + 2V_2$

11.2 試畫出下列參數之雙埠等效電路。

(a) $[H]=\begin{bmatrix} 1 & 4 \\ -3 & 3 \end{bmatrix}$ (b) $[G]=\begin{bmatrix} 3 & -2 \\ 1 & 3 \end{bmatrix}$

【解】 (a) $V_1 = I_1 + 4V_2$
$I_2 = -3I_1 + 3V_2$

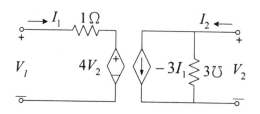

(b) $I_1 = 3V_2 - 2I_2$
$V_2 = V_1 + 3I_2$

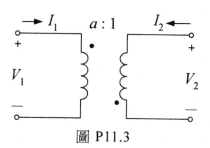

11.3 如圖 P11.3 所示之雙埠網路由一理想變壓器所組成，求此雙埠之 h 參數。

$\xrightarrow{I_1} \quad a:1 \quad I_2 \leftarrow$

圖 P11.3

【解】$\quad \because \dfrac{V_1}{V_2} = \dfrac{a}{1}$

$\dfrac{I_1}{I_2} = \dfrac{1}{a}$

$\therefore V_1 = aV_2$

$I_2 = aI_1$

$$\begin{bmatrix} V_1 \\ I_2 \end{bmatrix} = \begin{bmatrix} 0 & a \\ a & 0 \end{bmatrix} \begin{bmatrix} I_1 \\ V_2 \end{bmatrix}$$

11.4 如圖 P11.4 所示之電路，求(1) h 參數 (2) T 參數。

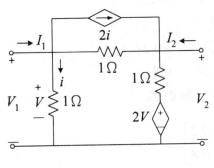

圖 P11.4

【解】　利用節點分析

$$\begin{cases} 2V_1 - V_2 = I_1 - 2i \\ -V_1 + 2V_2 = I_2 + 2V + 2i \end{cases}$$

移項整理

$$\begin{cases} 4V_1 - V_2 = I_1 & ① \\ -5V_1 + 2V_2 = I_2 & ② \end{cases}$$

(1) h 參數
由①得
$$V_1 = 0.25I_1 + 0.25V_2 \qquad ③$$
③代入②得
$$\begin{aligned} I_2 &= -5(0.25I_1 + 0.25V_2) + 2V_2 \\ &= -1.25I_1 + 0.75V_2 \qquad ④ \end{aligned}$$

由③與④得 h 參數為

$$\begin{bmatrix} 0.25 & 0.25 \\ -1.25 & 0.75 \end{bmatrix}$$

(2) T 參數

由②得

$$V_1 = 0.4V_2 - 0.2I_2 \qquad ⑤$$

⑤代入①得

$$I_1 = 4(0.4V_2 - 0.2I_2) - V_2$$
$$= 0.6V_2 - 0.8I_2 \qquad ⑥$$

由⑤與⑥得 T 參數為

$$\begin{bmatrix} 0.4 & 0.2 \\ 0.6 & 0.8 \end{bmatrix}$$

11.5 試繪出下列 y 參數之等效電路。

$$\begin{bmatrix} I_1 \\ I_2 \end{bmatrix} = \begin{bmatrix} y_{11} & y_{12} \\ y_{21} & y_{22} \end{bmatrix} \begin{bmatrix} V_1 \\ V_2 \end{bmatrix} + \begin{bmatrix} 1 \\ 2 \end{bmatrix}$$

【解】

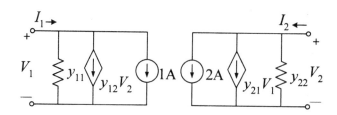

11.6 求圖 P11.6 之 y 參數。

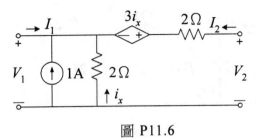

圖 P11.6

【解】　利用節點分析

$$\begin{bmatrix} \dfrac{1}{2}+\dfrac{1}{2} & -\dfrac{1}{2} \\[2mm] -\dfrac{1}{2} & \dfrac{1}{2} \end{bmatrix}\begin{bmatrix} V_1 \\[2mm] V_2 \end{bmatrix}=\begin{bmatrix} I_1+1-\dfrac{3}{2}i_x \\[2mm] I_2+\dfrac{3}{2}i_x \end{bmatrix}$$

其中 $i_x=-\dfrac{V_1}{2}$

$$\begin{bmatrix} \dfrac{1}{2}+\dfrac{1}{2}+\dfrac{3}{2}(-\dfrac{1}{2}) & -\dfrac{1}{2} \\[2mm] -\dfrac{1}{2}-\dfrac{3}{2}(-\dfrac{1}{2}) & \dfrac{1}{2} \end{bmatrix}\begin{bmatrix} V_1 \\[2mm] V_2 \end{bmatrix}=\begin{bmatrix} I_1 \\[2mm] I_2 \end{bmatrix}+\begin{bmatrix} 1 \\[2mm] 0 \end{bmatrix}$$

$$\begin{bmatrix} \dfrac{1}{4} & -\dfrac{1}{2} \\[2mm] -\dfrac{1}{4} & \dfrac{1}{2} \end{bmatrix}\begin{bmatrix} V_1 \\[2mm] V_2 \end{bmatrix}=\begin{bmatrix} I_1 \\[2mm] I_2 \end{bmatrix}+\begin{bmatrix} 1 \\[2mm] 0 \end{bmatrix}$$

11.7 求圖 P11.7 之 z 參數。

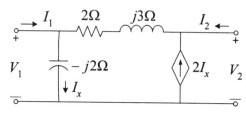

圖 P11.7

【解】 $I_x = \dfrac{V_1}{-j2}$

$$\begin{cases} V_1 = (2+j3)\left(I_1 - \dfrac{V_1}{-j2}\right) + V_2 & ① \\[4mm] I_2 + 2\left(\dfrac{V_1}{-j2}\right) + \left(I_1 - \dfrac{V_1}{-j2}\right) = 0 & ② \end{cases}$$

由②可得

$$V_1 = j2I_1 + j2I_2 \qquad\qquad ③$$

將③代入①可得

$$V_2 = -(2+j3)I_1 + V_1 + (2+j3)\left(\dfrac{V_1}{-j2}\right)$$

$$= -(2+j3)I_1 + (j2I_1 + j2I_2) + (2+j3)(-I_1 - I_2)$$

$$= -(4+j4)I_1 - (2+j)I_2 \qquad\qquad ④$$

由③與④可得

$$\begin{bmatrix} V_1 \\ V_2 \end{bmatrix} = \begin{bmatrix} j2 & j2 \\ -4-j4 & -2-j \end{bmatrix}\begin{bmatrix} I_1 \\ I_2 \end{bmatrix}$$

11.8 如圖 P11.8 所示，已知雙埠 N 之 z 參數矩陣為 $\begin{bmatrix} 2-j4 & -j4 \\ -j4 & -j2 \end{bmatrix}$，求

$V_2 = ?$

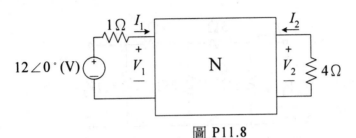

圖 P11.8

【解】　對雙埠 N 而言，已知

$$V_1 = (2-j4)I_1 - j4I_2 \qquad ①$$
$$V_2 = -j4I_1 - j2I_2 \qquad ②$$

且

$$V_1 = 12\angle 0° - I_1 \qquad ③$$
$$V_2 = -4I_2 \qquad ④$$

綜合①②③④，可得

$$(3-j4)I_1 - j4I_2 = 12\angle 0°$$
$$-j4I_1 + (4-j2)I_2 = 0$$

利用行列式法解 I_2

$$I_2 = \frac{\begin{vmatrix} 3-j4 & 12\angle 0° \\ -j4 & 0 \end{vmatrix}}{\begin{vmatrix} 3-j4 & -j4 \\ -j4 & 4-j2 \end{vmatrix}} = 1.61\angle 137.7° \ (A)$$

$$\therefore V_2 = -4I_2 = -6.44\angle 137.7° = 6.44\angle -42.3° \ (V)$$

11.9 如圖 P11.9 所示之電路，求 h 參數。

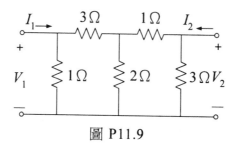

圖 P11.9

【解】

本題可利用兩種方法來解：

(1) 直接解法

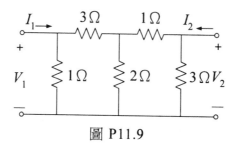

$$\begin{cases} V_1 = 3(I_1 - V_1) + 2\left(I_1 - V_1 + I_2 - \dfrac{V_2}{3}\right) \\ V_2 = \left(I_2 - \dfrac{V_2}{3}\right) + 2\left(I_1 - V_1 + I_2 - \dfrac{V_2}{3}\right) \end{cases}$$

整理得

$$\begin{cases} V_1 = 5I_1 - 5V_1 + 2I_2 - \dfrac{2}{3}V_2 \\ V_2 = 2I_1 - 2V_1 + 3I_2 - V_2 \end{cases}$$

h 參數為

$$\begin{bmatrix} V_2 \\ I_2 \end{bmatrix} = \begin{bmatrix} \dfrac{11}{14} & \dfrac{1}{7} \\ -\dfrac{1}{7} & \dfrac{16}{21} \end{bmatrix} \begin{bmatrix} I_1 \\ V_2 \end{bmatrix}$$

(2) 先求 T 參數，再轉成 h 參數

$$\begin{cases} V_2^{'} = V_1^{'} + 3\left(V_1^{'} - I_1^{'} \right) = 4V_1^{'} - 3I_1^{'} \\ I_2^{'} = V_1^{'} - I_1^{'} \end{cases}$$

$$V_2^{''} = V_1^{''} + \left(\frac{V_1^{''}}{2} - I_1^{''} \right) = \frac{3}{2}V_1^{''} - I_1^{''}$$

$$I_2^{''} = \frac{V_2^{''}}{3} - \left(V_1^{''} - V_2^{''} \right) = -V_1^{''} + \frac{4}{3}\left(\frac{3}{2}V_1^{''} - I_1^{''} \right)$$

$$= V_1^{''} - \frac{4}{3}I_1^{''}$$

$$\therefore I_1^{''} = -I_2^{'}$$

$$V_1'' = V_2'$$

$$\begin{bmatrix} V_2 \\ I_2 \end{bmatrix} = \begin{bmatrix} V_2'' \\ I_2'' \end{bmatrix} = \begin{bmatrix} \dfrac{3}{2} & -1 \\ 1 & -\dfrac{4}{3} \end{bmatrix} \begin{bmatrix} V_1'' \\ I_1'' \end{bmatrix} = \begin{bmatrix} \dfrac{3}{2} & -1 \\ 1 & -\dfrac{4}{3} \end{bmatrix} \begin{bmatrix} 4 & -3 \\ -1 & 1 \end{bmatrix} \begin{bmatrix} V_1' \\ I_1' \end{bmatrix}$$

$$= \begin{bmatrix} 7 & -\dfrac{11}{2} \\ \dfrac{16}{3} & -\dfrac{13}{3} \end{bmatrix} \begin{bmatrix} V_1 \\ I_1 \end{bmatrix}$$

$$\therefore \begin{cases} V_2 = 7V_1 - \dfrac{11}{2} I_1 & \text{①} \\[3mm] I_2 = \dfrac{16}{3} V_1 - \dfrac{13}{3} I_1 & \text{②} \end{cases}$$

由①可得

$$V_1 = \dfrac{11}{14} I_1 + \dfrac{1}{7} V_2 \qquad\qquad \text{③}$$

③代入②，可得

$$I_2 = \dfrac{16}{3} \left(\dfrac{11}{14} I_1 + \dfrac{1}{7} V_2 \right) - \dfrac{13}{3} I_1$$

$$= -\dfrac{1}{7} I_1 + \dfrac{16}{21} V_2 \qquad\qquad \text{④}$$

由③與④可得

$$\begin{bmatrix} V_1 \\ I_2 \end{bmatrix} = \begin{bmatrix} \dfrac{11}{14} & \dfrac{1}{7} \\ -\dfrac{1}{7} & \dfrac{16}{21} \end{bmatrix} \begin{bmatrix} I_1 \\ V_2 \end{bmatrix}$$

11.10   如圖 P11.10 所示之電路，求 y 參數。

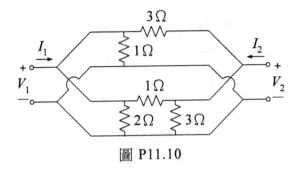

圖 P11.10

【解】   本題可利用兩種方法來解：

(1) 直接解法

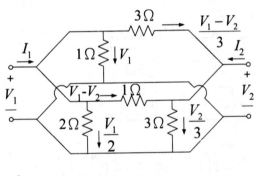

$$\begin{cases} I_1 = V_1 + \dfrac{V_1 - V_2}{3} + \dfrac{V_1}{2} + (V_1 - V_2) \\ I_2 = -\dfrac{V_1 - V_2}{3} - (V_1 - V_2) + \dfrac{V_2}{3} \end{cases}$$

整理得

$$\begin{bmatrix} I_1 \\ I_2 \end{bmatrix} = \begin{bmatrix} \dfrac{17}{6} & -\dfrac{4}{3} \\ -\dfrac{4}{3} & \dfrac{5}{3} \end{bmatrix}$$

(2) 兩 y 參數矩陣相加

$$\begin{cases} I_1' = V_1' + \dfrac{V_1' - V_2'}{3} = \dfrac{4}{3}V_1' - \dfrac{1}{3}V_2' \\[3mm] I_2' = -\dfrac{V_1'}{3} + \dfrac{V_2'}{3} \end{cases}$$

$$\begin{cases} I_1'' = \dfrac{V_1''}{2} + \left(V_1'' - V_2''\right) = \dfrac{3}{2}V_1'' - V_2'' \\[3mm] I_2'' = \dfrac{V_2''}{3} - \left(V_1'' - V_2''\right) = -V_1'' + \dfrac{4}{3}V_2'' \end{cases}$$

$$\begin{bmatrix} I_1 \\ I_2 \end{bmatrix} = \begin{bmatrix} \dfrac{4}{3} + \dfrac{3}{2} & -\dfrac{1}{3} - 1 \\[3mm] -\dfrac{1}{3} - 1 & \dfrac{1}{3} + \dfrac{4}{3} \end{bmatrix} \begin{bmatrix} V_1 \\ V_2 \end{bmatrix}$$

$$= \begin{bmatrix} \dfrac{17}{6} & -\dfrac{4}{3} \\ -\dfrac{4}{3} & \dfrac{5}{3} \end{bmatrix} \begin{bmatrix} V_1 \\ V_2 \end{bmatrix}$$

11.11　求圖 P11.11 之 y 參數。

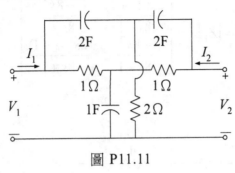

圖 P11.11

【解】　原圖可視為

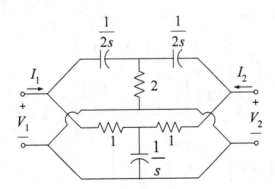

(1)　電路 1

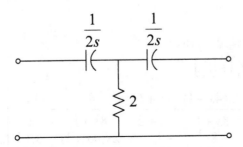

其 $[Z_1] = \begin{bmatrix} 2+\dfrac{1}{2s} & 2 \\ 2 & 2+\dfrac{1}{2s} \end{bmatrix} = \begin{bmatrix} \dfrac{4s+1}{2s} & 2 \\ 2 & \dfrac{4s+1}{2s} \end{bmatrix}$

$[Y_1] = [Z_1]^{-1} = \begin{bmatrix} \dfrac{2s(4s+1)}{8s+1} & \dfrac{-8s^2}{8s+1} \\ \dfrac{-8s^2}{8s+1} & \dfrac{2s(4s+1)}{8s+1} \end{bmatrix}$

(2) 電路 2

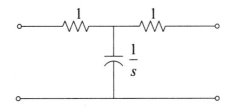

其 $[Z_2] = \begin{bmatrix} 1+\dfrac{1}{s} & \dfrac{1}{s} \\ \dfrac{1}{s} & 1+\dfrac{1}{s} \end{bmatrix} = \begin{bmatrix} \dfrac{s+1}{s} & \dfrac{1}{s} \\ \dfrac{1}{s} & \dfrac{s+1}{s} \end{bmatrix}$

$[Y_2] = [Z_2]^{-1} = \begin{bmatrix} \dfrac{s+1}{s+2} & \dfrac{-1}{s+2} \\ \dfrac{-1}{s+2} & \dfrac{s+1}{s+2} \end{bmatrix}$

∵ 電路 1 與電路 2 為並聯

∴ $[Y] = [Y_1] + [Y_2]$

$= \begin{bmatrix} \dfrac{2s(4s+1)}{8s+1} + \dfrac{s+1}{s+2} & \dfrac{-8s^2}{8s+1} + \dfrac{-1}{s+2} \\ \dfrac{-8s^2}{8s+1} + \dfrac{-1}{s+2} & \dfrac{2s(4s+1)}{8s+1} + \dfrac{s+1}{s+2} \end{bmatrix}$

11.12 求圖 P11.12 之 y 參數與 T 參數。

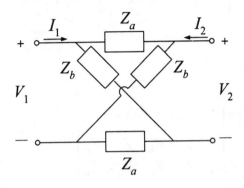

圖 P11.12

【解】 先求出 z 參數

$$z_{11} = \frac{V_1}{I_1}\bigg|_{I_2=0} = \frac{[(Z_a + Z_b)//(Z_a + Z_b)]I_1}{I_1} = \frac{1}{2}(Z_a + Z_b)$$

$$z_{12} = \frac{V_1}{I_2}\bigg|_{I_1=0} = \frac{Z_b\left(\frac{1}{2}I_2\right) - Z_a\left(\frac{1}{2}I_2\right)}{I_2} = \frac{1}{2}(Z_b - Z_a)$$

$$z_{21} = \frac{V_2}{I_1}\bigg|_{I_2=0} = \frac{Z_b\left(\frac{1}{2}I_1\right) - Z_a\left(\frac{1}{2}I_1\right)}{I_1} = \frac{1}{2}(Z_b - Z_a)$$

$$z_{22} = \frac{V_2}{I_2}\bigg|_{I_1=0} = \frac{[(Z_a + Z_b)//(Z_a + Z_b)]I_2}{I_2} = \frac{1}{2}(Z_a + Z_b)$$

$$\therefore [Z] = \begin{bmatrix} \dfrac{Z_a + Z_b}{2} & \dfrac{Z_b - Z_a}{2} \\ \dfrac{Z_b - Z_a}{2} & \dfrac{Z_a + Z_b}{2} \end{bmatrix}$$

(1) y 參數

$$[Y] = [Z]^{-1}$$

$$= \frac{1}{Z_a Z_b} \begin{bmatrix} Z_a + Z_b & Z_a - Z_b \\ Z_a - Z_b & Z_a + Z_b \end{bmatrix}$$

(2) T 參數

$$\begin{cases} V_1 = \left(\dfrac{Z_a + Z_b}{2} \right) I_1 + \left(\dfrac{Z_b - Z_a}{2} \right) I_2 & ① \\ V_2 = \left(\dfrac{Z_b - Z_a}{2} \right) I_1 + \left(\dfrac{Z_a + Z_b}{2} \right) I_2 & ② \end{cases}$$

由②可知

$$I_1 = \frac{2}{Z_b - Z_a} V_2 - \frac{Z_a + Z_b}{Z_b - Z_a} I_2 \qquad ③$$

將③代入①得

$$V_1 = \frac{Z_a + Z_b}{Z_b - Z_a} V_2 - \frac{(Z_a + Z_b)^2}{2(Z_b - Z_a)} I_2 + \frac{(Z_b - Z_a)}{2} I_2$$

$$= \frac{Z_a + Z_b}{Z_b - Z_a} V_2 - \frac{2 Z_a Z_b}{Z_b - Z_a} I_2 \qquad ④$$

由④與③可知，T 參數為

$$[T] = \begin{bmatrix} \dfrac{Z_a + Z_b}{Z_b - Z_a} & \dfrac{2Z_a Z_b}{Z_b - Z_a} \\ \dfrac{2}{Z_b - Z_a} & \dfrac{Z_a + Z_b}{Z_b - Z_a} \end{bmatrix}$$

11.13 如圖 P11.13 所示之電路，若已知 $V_s(t) = 5e^{-2t}$ (V)，求 $V_o(t)$ 之值。

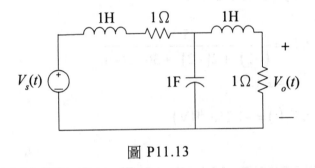

圖 P11.13

【解】　如下圖所示，根據 KCL 可得

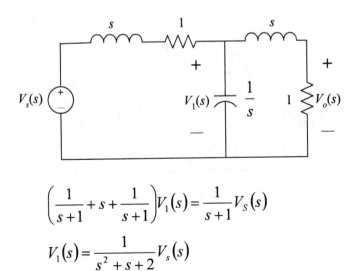

$$\left(\frac{1}{s+1} + s + \frac{1}{s+1} \right) V_1(s) = \frac{1}{s+1} V_s(s)$$

$$V_1(s) = \frac{1}{s^2 + s + 2} V_s(s)$$

$$V_o(s) = \frac{1}{s+1} V_1(s)$$

$$= \left(\frac{1}{s+1}\right)\left(\frac{1}{s^2+s+2}\right) V_s(s)$$

$$\therefore \frac{V_o(s)}{V_s(s)} = \frac{1}{s^3+2s^2+3s+2}$$

$$\because V_s = 5\angle 0°, \ s = -2$$

$$\therefore V_o = \frac{5}{(-2)^3 + 2(-2)^2 + 3(-2) + 1}$$

$$= -1.25$$

$$\therefore V_o(t) = -1.25e^{-2t} \ (\text{V})$$

11.14 如圖 P11.14 所示之電路，若 $V_s(t) = e^{-10t}\cos 5t$ (V)，求 $V_o(t)$ 之值。

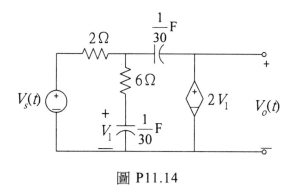

圖 P11.14

【解】

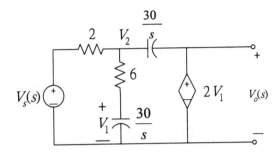

節點方程式

$$\begin{cases} \left(\dfrac{s}{30}+\dfrac{1}{6}\right)V_1-\dfrac{1}{6}V_2=0 & \textcircled{1} \\[4mm] -\left(\dfrac{1}{6}+\dfrac{2s}{30}\right)V_1+\left(\dfrac{1}{2}+\dfrac{1}{6}+\dfrac{s}{30}\right)V_2=\dfrac{1}{2}V_s & \textcircled{2} \end{cases}$$

由①得

$$V_2=\frac{1}{5}(s+5)V_1 \qquad \textcircled{3}$$

將③代入②得

$$\left[-\left(\frac{1}{6}+\frac{s}{15}\right)+\left(\frac{s+20}{30}\right)\left(\frac{s+5}{5}\right)\right]V_1=\frac{1}{2}V_s$$

$$V_1=\frac{75}{s^2+15s+75}V_s$$

$$V_0=2V_1=\frac{150}{s^2+15s+75}V_s$$

$$\because V_S=1 \text{,} \quad s=-10+j5$$

$$\therefore V_o=\frac{150}{(-10+j5)^2+15(-10+j5)+75}=j6=6\angle90°$$

$$\therefore V_o(t)=6e^{-10t}\cos(5t+90°)\ (\text{V})$$

第十二章 習題

12.1 如圖 P12.1 所示之電路，已知電源為正相序且三相平衡，試求

(1) 瓦特計 W_a 與 W_b 之讀值。

(2) 三相負載總消耗功率為何？

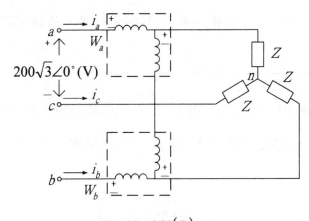

$$Z = 10\angle 30°(\Omega)$$

圖 P12.1

【解】

(1) $W_a = |V_{ac}||I_a|\cos\theta_1$ （θ_1 為 V_{ac} 與 I_a 之相角差）

$W_b = |V_{bc}||I_b|\cos\theta_2$ （θ_2 為 V_{bc} 與 I_b 之相角差）

$$V_{ac} = 200\sqrt{3}\angle 0° \,(\text{V})$$

$$I_a = \frac{V_{an}}{Z} = \frac{200\angle 30°}{10\angle 30°} = 20\angle 0° \,(\text{A})$$

$$V_{bc} = 200\sqrt{3}\angle -60° \,(\text{V})$$

$$I_b = \frac{V_{bn}}{Z} = \frac{200\angle -90°}{10\angle 30°} = 20\angle -120° \,(\text{A})$$

$$\therefore W_a = 200\sqrt{3} \times 20 \times \cos\left(0° - \left(-60°\right)\right) = 3464 \ \left(\text{W}\right)$$

$$W_b = 200\sqrt{3} \times 20 \times \cos\left(-60° - \left(-120°\right)\right) = 3464 \ \left(\text{W}\right)$$

(2)　三相負載總消耗之功率

$$P = W_a + W_b = 3464 + 3464 = 6928 \ \left(\text{W}\right)$$

12.2　如圖 P12.2 所示之電路，已知電源為負相序且三相平衡，已知

$V_{bc} = 220\angle120° \ \left(\text{V}\right)$，求瓦特計 W_a 與 W_c 之讀值為何。

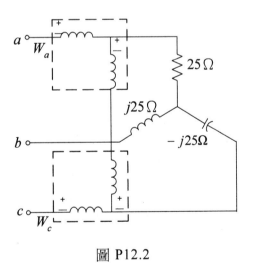

圖 P12.2

【解】

由題意知

$$V_{ab} = 220\angle0°$$
$$V_{bc} = 220\angle120°$$
$$V_{ca} = 220\angle-120°$$

將 Y 接負載化爲 Δ 接

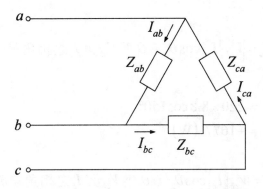

$$Z_{ab} = 25\angle 0° + 25\angle 90° + \frac{25\angle 0° \times 25\angle 90°}{25\angle -90°}$$

$$= 25\angle 90° \quad (\Omega)$$

$$Z_{bc} = 25\angle 90° + 25\angle -90° + \frac{25\angle 90° \times 25\angle -90°}{25\angle 0°}$$

$$= 25\angle 0° \quad (\Omega)$$

$$Z_{ca} = 25\angle 0° + 25\angle -90° + \frac{25\angle 0° \times 25\angle -90°}{25\angle 90°}$$

$$= 25\angle -90° \quad (\Omega)$$

$$I_{ab} = \frac{V_{ab}}{Z_{ab}} = \frac{220\angle 0°}{25\angle 90°} = 8.8\angle -90° \text{ (A)}$$

$$I_{bc} = \frac{V_{bc}}{Z_{bc}} = \frac{220\angle 120°}{25\angle 0°} = 8.8\angle 120° \text{ (A)}$$

$$I_{ca} = \frac{V_{ca}}{Z_{ca}} = \frac{220\angle -120°}{25\angle -90°} = 8.8\angle -30° \text{ (A)}$$

$$I_a = I_{ab} - I_{ca} = 8.8\angle -90° - 8.8\angle -30° = 8.8\angle -150° \text{ (A)}$$

$$I_b = I_{bc} - I_{ab} = 8.8\angle 120° - 8.8\angle -90° = 17\angle 105° \text{ (A)}$$

$$I_c = I_{ca} - I_{bc} = 8.8\angle -30° - 8.8\angle 120° = 17\angle -45° \text{ (A)}$$

$$\therefore W_a = |V_{ab}||I_a|\cos\theta_1 \quad (\theta_1\text{為}V_{ab}\text{與}I_a\text{之相角差})$$

$$= 220 \times 8.8 \cos 150°$$
$$= -1677 \text{ (W)}$$

$$W_c = |V_{cb}||I_c|\cos\theta_2 \quad (\theta_2\text{為}V_{cb}\text{與}I_c\text{之相角差})$$

$$= 220 \times 17 \cos 15°$$
$$= 3613 \text{ (W)}$$

12.3 如圖 P12.3 所示之電路,已知電源為正相序且三相平衡,試求

(1) I_a、I_b 與 I_c 之值。

(2) 瓦特計 W_b 與 W_c 之讀值。

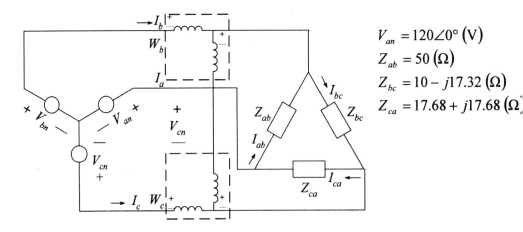

$$V_{an} = 120\angle 0° \text{ (V)}$$
$$Z_{ab} = 50 \text{ }(\Omega)$$
$$Z_{bc} = 10 - j17.32 \text{ }(\Omega)$$
$$Z_{ca} = 17.68 + j17.68 \text{ }(\Omega)$$

圖 P12.3

【解】

由題意知

$$V_{an} = 120\angle 0° \,(\text{V})$$

$$V_{bn} = 120\angle -120° \,(\text{V})$$

$$V_{cn} = 120\angle 120° \,(\text{V})$$

$$V_{ab} = V_{an} - V_{bn} = 120\angle 0° - 120\angle -120° = 120\sqrt{3}\angle 30° \,(\text{V})$$

$$V_{bc} = V_{bn} - V_{cn} = 120\angle -120° - 120\angle 120° = 120\sqrt{3}\angle -90° \,(\text{V})$$

$$V_{ca} = V_{cn} - V_{an} = 120\angle 120° - 120\angle 0° = 120\sqrt{3}\angle 150° \,(\text{V})$$

$$I_{ab} = \frac{V_{ab}}{Z_{ab}} = \frac{120\sqrt{3}\angle 30°}{50\angle 0°} = 4.16\angle 30° \,(\text{A})$$

$$I_{bc} = \frac{V_{bc}}{Z_{bc}} = \frac{120\sqrt{3}\angle -90°}{20\angle -60°} = 10.39\angle -30° \,(\text{A})$$

$$I_{ca} = \frac{V_{ca}}{Z_{ca}} = \frac{120\sqrt{3}\angle 150°}{25\angle 45°} = 8.31\angle 105° \,(\text{A})$$

(1)

$$I_a = I_{ab} - I_{ca} = 4.16\angle 30° - 8.31\angle 105° = 8.27\angle -45.98° \,(\text{A})$$

$$I_b = I_{bc} - I_{ab} = 10.39\angle -30° - 4.16\angle 30° = 9.06\angle -53.43° \,(\text{A})$$

$$I_c = I_{ca} - I_{bc} = 8.31\angle 105° - 10.39\angle -30° = 17.3\angle 130.12° \,(\text{A})$$

(2)

$$W_b = |V_{ba}||I_b|\cos\theta_1 \qquad (\theta_1 \text{ 為 } V_{ba} \text{ 與 } I_b \text{ 之相角差})$$

$$= 120\sqrt{3} \times 9.06 \times \cos 96.57° = -215 \,(\text{W})$$

$$W_c = |V_{ca}||I_c|\cos\theta_2 \qquad (\theta_2 為 V_{ca} 與 I_c 之相角差)$$
$$= 120\sqrt{3} \times 17.3 \times \cos19.88° = 3381 \text{ (W)}$$

12.4　如圖 P12.4 所示之電路，試證明瓦特計之讀值 $W = |V_l||I_l|\sin\theta$，其中 $|V_l|$ 與 $|I_l|$ 分別為線電壓與線電流之大小。並說明三相負載總虛功率如何由瓦特計之讀值決定。

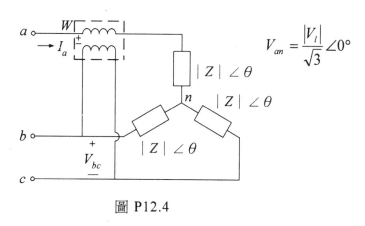

$$V_{an} = \frac{|V_l|}{\sqrt{3}}\angle 0°$$

圖 P12.4

【解】

$$W = |V_{bc}||I_a|\cos\theta_1 \qquad (\theta_1 為 V_{bc} 與 I_a 之相角差)$$
$$= |V_l||I_l|\cos(90° - \theta)$$
$$= |V_l||I_l|\sin\theta$$

故得證。

因此，三相負載總虛功率

$$Q = \sqrt{3}\ |V_l||I_l|\sin\theta = \sqrt{3}\ W$$

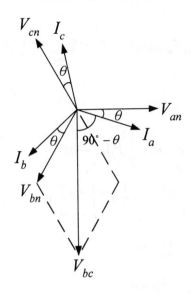

12.5　如圖 P12.5 所示之電路，試證明瓦特計之讀值

$W = \dfrac{\sqrt{3}}{2}|V_l||I_l|\cos\theta$，其中 $|V_l|$ 與 $|I_l|$ 代表線電壓與線電流之大小。

並說明如何由瓦特計之讀值決定三相負載之總實功率。

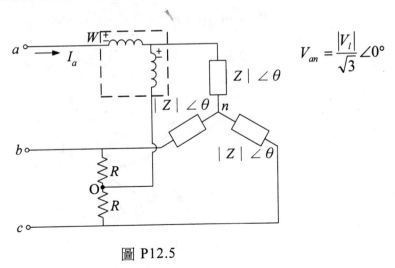

圖 P12.5

【解】

$$W = |V_{ao}||I_a|\cos\theta_1 \quad (\theta_1 為 V_{ao} 與 I_a 之相角差)$$

其中

$$V_{ao} = V_{ab} + \frac{1}{2}V_{bc}$$

$$= |V_l|\angle 30° + \frac{1}{2}|V_l|\angle -90°$$

$$= \left(\frac{\sqrt{3}}{2}|V_l| + j\frac{1}{2}|V_l|\right) - j\frac{1}{2}|V_l|$$

$$= \frac{\sqrt{3}}{2}|V_l|\angle 0°$$

$$\therefore W = |V_{ao}||I_a|\cos\theta$$

$$= \frac{\sqrt{3}}{2}|V_l||I_l|\cos\theta$$

故得證。

因此，三相負載之總實功率

$$\therefore P = \sqrt{3}|V_l||I_l|\cos\theta = 2\left(\frac{\sqrt{3}}{2}|V_l||I_l|\cos\theta\right)$$

$$= 2W$$

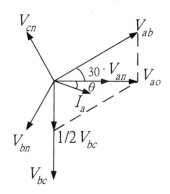

12.6 如圖 P12.6 所示之電路，試證明瓦特計之讀值

$W = \dfrac{1}{\sqrt{3}}|V_l||I_l|\cos\theta$，其中 $|V_l|$ 與 $|I_l|$ 為線電壓與線電流之大小。並

說明三相負載總實功率與瓦特計讀值之關係為何？

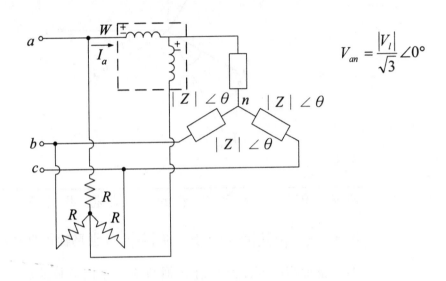

$V_{an} = \dfrac{|V_l|}{\sqrt{3}}\angle 0°$

圖 P12.6

【解】

$$W = |V_{an}||I_a|\cos\theta_1 \qquad (\theta_1 \text{ 為 } V_{an} \text{ 與 } I_a \text{ 之相角差})$$

$$= |V_{an}||I_a|\cos\theta$$

$$= \dfrac{1}{\sqrt{3}}|V_l||I_l|\cos\theta$$

故得證。

因此，三相負載之總實功率

$$P = \sqrt{3}|V_l||I_l|\cos\theta = 3\left(\dfrac{1}{\sqrt{3}}|V_l||I_l|\cos\theta\right)$$

$$= 3W$$

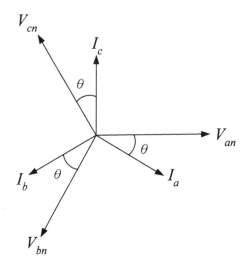

12.7 如圖 P12.7 所示之電路，試證明瓦特計之讀值 $W = \dfrac{\sqrt{3}+1}{2}|V_l||I_l|\cos\theta$，其中 $|V_l|$ 與 $|I_l|$ 分別為線電壓與線電流之大小。並說明如何由瓦特計之讀值決定三相負載總功率。

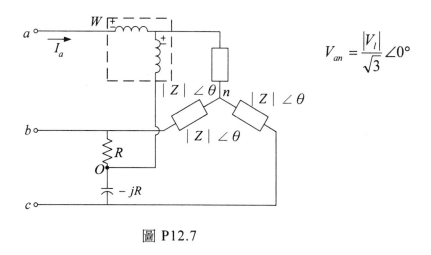

圖 P12.7

【解】

$$W = |V_{ao}||I_a|\cos\theta_1 \quad （\theta_1 為 V_{ao} 與 I_a 之相角差）$$

其中

$$V_{ao} = V_{ab} + V_{bo}$$

$$= |V_l| \angle 30° + \frac{R}{R-jR} |V_l| \angle -90°$$

$$= |V_l| \angle 30° + \frac{1}{\sqrt{2}} |V_l| \angle -45°$$

$$= \left(\frac{\sqrt{3}}{2} |V_l| + j\frac{1}{2} |V_l| \right) + \left(\frac{1}{2} |V_l| - j\frac{1}{2} |V_l| \right)$$

$$= \frac{\sqrt{3}+1}{2} |V_l| \angle 0°$$

$$\therefore W = |V_{ao}| |I_a| \cos\theta$$

$$= \frac{\sqrt{3}+1}{2} |V_l| |I_l| \cos\theta$$

故得證。

因此，三相負載之總功率

$$P = \sqrt{3} |V_l| |I_l| \cos\theta = \frac{2\sqrt{3}}{\sqrt{3}+1} \left(\frac{\sqrt{3}+1}{2} |V_l| |I_l| \cos\theta \right)$$

$$= \frac{2\sqrt{3}}{\sqrt{3}+1} W$$

12.8 如圖 P12.8 所示之電路，已知電源為正相序且三相平衡，電源端
線電壓為 600V，其輸出功率為 90 kVA，功因 0.8 落後，試求
(1) 負載端之線電壓大小。
(2) 負載端之總複功率為何？

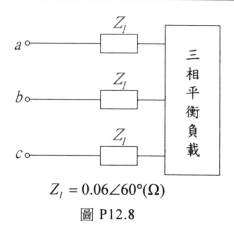

$$Z_l = 0.06\angle 60°(\Omega)$$

圖 P12.8

【解】

(1)

$$a \circ \xrightarrow{\ \overset{+\ \ \overrightarrow{I_a}}{}\ } \underset{Z_l}{\boxed{}} \xrightarrow{} \circ a'$$

$$0.06\angle 60°(\Omega)$$

$$V_{an} = \frac{600}{\sqrt{3}}\angle 0° \ (\text{V})$$

$$n \circ \xrightarrow{} \circ n'$$

$$|S| = \sqrt{3}|V_l||I_l|$$

$$|I_l| = \frac{|S|}{\sqrt{3}|V_l|} = \frac{90\times 10^3}{\sqrt{3}\times 600} = 86.6 \ (\text{A})$$

$$I_a = |I_l|\angle -\cos^{-1}0.8 = 86.6\angle -36.87° \ (\text{A})$$

$$V_{a'n'} = V_{an} - I_a Z_l = \frac{600}{\sqrt{3}}\angle 0° - (86.6\angle -36.87°)(0.06\angle 60°)$$

$$= 341.64\angle -0.34° \ (\text{V})$$

負載端之線電壓大小為 $\sqrt{3} \times 341.64 = 591.74\,(V)$

(2) 負載端之總複功率

$$S = 3V_p I_p^* = 3 \times (341.64\angle - 0.34°) \times (86.6\angle 36.87°)$$
$$= 88758\angle 36.53°$$
$$= 71.32 + j52.83\ (kVA)$$

12.9　一三相平衡負載，其總消耗之實功為 300(kW)，功因 0.85 落後，若負載端之線電壓為 300V，每相之線路阻抗為 $0.054\angle 68.2°\,(\Omega)$，試求

(1) 線電流之大小。

(2) 電源端之線電壓大小。

(3) 電源端之功因為何？

【解】

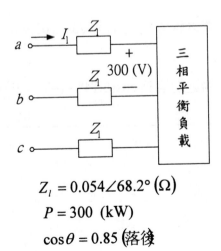

$$Z_l = 0.054\angle 68.2°\ (\Omega)$$
$$P = 300\ (kW)$$
$$\cos\theta = 0.85\ \text{(落後)}$$

(1)　$P = \sqrt{3}\,|V_l||I_l|\cos\theta$

$$|I_l| = \frac{P}{\sqrt{3}|V_l|\cos\theta} = \frac{300 \times 10^3}{\sqrt{3} \times 300 \times 0.85} = 679.2 \text{ (A)}$$

(2)

$$I_a = |I_l|\angle -\cos^{-1} 0.85 = 679.2\angle -31.79° \text{ (A)}$$

$$V_{an} = V_{a'n'} + I_a Z_l = \frac{300}{\sqrt{3}}\angle 0° + (679.2\angle -31.79°)(0.054\angle 68.2°)$$

$$= 203.9\angle 6.14° \text{ (V)}$$

電源端之線電壓大小為 $\sqrt{3} \times 203.9 = 353.2$ (V)

(3) 電源端之功因為 $\cos(6.14° - (-31.79°)) = 0.79$ （落後）

12.10 如圖 P12.10 所示之三相平衡系統，求電源所送出之三相總功率
為何？

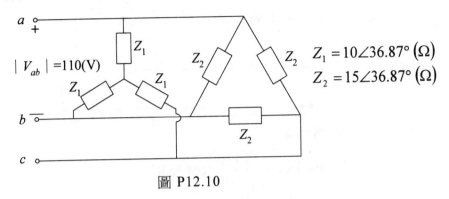

$Z_1 = 10\angle 36.87° \ (\Omega)$

$Z_2 = 15\angle 36.87° \ (\Omega)$

圖 P12.10

【解】

將 Y 接負載換成 Δ 接

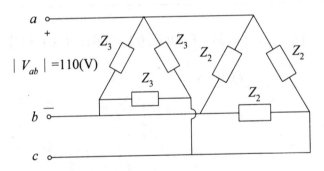

$$Z_3 = 3Z_1 = 30\angle 36.87°$$

$$Z = Z_3 // Z_2 = \frac{30\angle 36.87° \times 15\angle 36.87°}{30\angle 36.87° + 15\angle 36.87°}$$

$$= 10\angle 36.87°$$

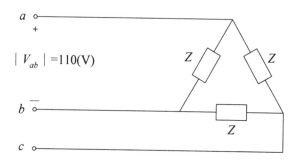

三相總功率

$$P = 3 \times 110 \times \left(\frac{110}{10}\right)\cos 36.87°$$

$$= 2904 \ (\text{W})$$

12.11 如圖 P12.11 所示之電路，已知 $V_{ab}(t) = 200\cos(4t + 30°)$，求 $i_a(t)$。

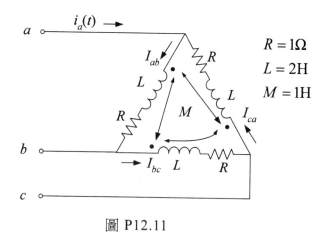

$R = 1\Omega$

$L = 2\text{H}$

$M = 1\text{H}$

圖 P12.11

【解】

$$V_{ab} = I_{ab}(R + j\omega L) + I_{bc}(j\omega M) + I_{ca}(j\omega M)$$

$$= I_{ab}(R + j\omega L) + j\omega M(I_{bc} + I_{ca})$$

$$= I_{ab}(R + j\omega L) - j\omega M I_{ab}$$

$$= I_{ab}[R + j\omega(L - M)]$$

$$\therefore I_{ab} = \frac{V_{ab}}{R + j\omega(L - M)} = \frac{\dfrac{200}{\sqrt{2}}\angle 30°}{1 + j4(2-1)}$$

$$= \frac{\dfrac{200}{\sqrt{2}}\angle 30°}{4.12\angle 75.96°} = \frac{48.54}{\sqrt{2}}\angle -45.96°$$

$$I_a = \sqrt{3} \times \frac{48.54}{\sqrt{2}}\angle -45.96° - 30°$$

$$= \sqrt{3} \times \frac{48.54}{\sqrt{2}}\angle -75.96°$$

$$I_a(t) = \sqrt{2} \times \left(\sqrt{3} \times \frac{48.54}{\sqrt{2}}\right)\cos(4t - 75.96°)$$

$$= 84.07\cos(4t - 75.96°)\ (A)$$

12.12 如圖 P12.12 所示之電路，已知電源爲正相序且三相平衡，求 I_a、I_b 與 I_c 之值。

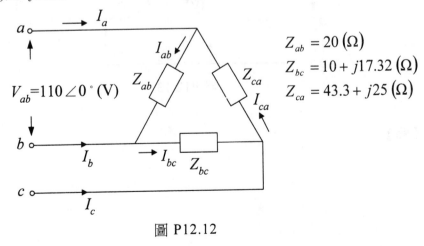

$$Z_{ab} = 20\ (\Omega)$$
$$Z_{bc} = 10 + j17.32\ (\Omega)$$
$$Z_{ca} = 43.3 + j25\ (\Omega)$$

圖 P12.12

【解】

$$I_{ab} = \frac{V_{ab}}{Z_{ab}} = \frac{100\angle 0°}{20\angle 0°} = 5 \ (A)$$

$$I_{bc} = \frac{V_{bc}}{Z_{bc}} = \frac{100\angle -120°}{20\angle 60°} = -5 \ (A)$$

$$\dot{I}_{ca} = \frac{V_{ca}}{Z_{ca}} = \frac{100\angle 120°}{50\angle 30°} = 2\angle 90° \ (A)$$

$$\therefore I_a = I_{ab} - I_{ca} = 5 - 2\angle 90° = 5.39\angle -21.8°\,(A)$$
$$I_b = I_{bc} - I_{ab} = -5 - 5 = -10\,(A)$$
$$I_c = I_{ca} - I_{bc} = 2\angle 90° - (-5) = 5.39\angle 21.8°\,(A)$$

12.13 如圖 P12.13 所示之電路，電源為正相序且三相平衡，若伏特計之內阻為無窮大，求此伏特計之讀值為何？

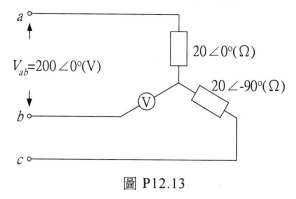

圖 P12.13

【解】

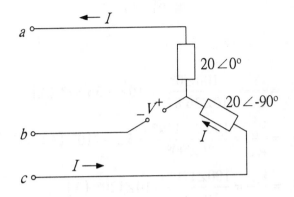

$$I = \frac{V_{ca}}{20\angle 0° + 20\angle -90°} = \frac{200\angle 120°}{20\sqrt{2}\angle -45°} = 7.07\angle 165° \text{ (A)}$$

$$V = V_{ab} + I \times 20\angle 0°$$
$$= 200\angle 0° + 141.4\angle 165°$$
$$= 73.22\angle 29.99° \text{ (V)}$$

∴伏特計之讀值為 73.22（V）。

12.14　如圖 P12.14 所示之電路，已知電源為正相序且三相平衡，求 I_a、I_b、I_c 及 I_n 之電流為何？

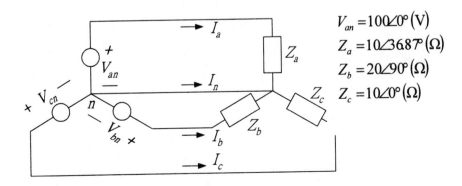

$$V_{an} = 100\angle 0° \text{ (V)}$$
$$Z_a = 10\angle 36.87° \text{ (}\Omega\text{)}$$
$$Z_b = 20\angle 90° \text{ (}\Omega\text{)}$$
$$Z_c = 10\angle 0° \text{ (}\Omega\text{)}$$

圖 P12.14

【解】

$$I_a = \frac{V_{an}}{Z_a} = \frac{100\angle 0°}{10\angle 36.87°} = 10\angle -36.87° \text{ (A)}$$

$$I_b = \frac{V_{bn}}{Z_b} = \frac{100\angle -120°}{20\angle 90°} = 5\angle -210° \text{ (A)}$$

$$I_c = \frac{V_{cn}}{Z_c} = \frac{100\angle 120°}{10\angle 0°} = 10\angle 120° \text{ (A)}$$

$$I_n = -\left(I_a + I_b + I_c\right)$$
$$= -\left(10\angle -36.87° + 5\angle -210° + 10\angle 120°\right)$$
$$= -1.33 - j5.16$$
$$= 5.33\angle -104.45 \text{ (A)}$$

附錄 A 常用積分公式

一、多項式

1. $\int x^n dx = \dfrac{1}{n+1} x^{n+1} + c$

2. $\int \dfrac{1}{x} dx = \ln|x| + c$

二、三角函數

1. $\int \cos x \, dx = \sin x + c$

2. $\int \sin x \, dx = -\cos x + c$

3. $\int \sec^2 x \, dx = \tan x + c$

4. $\int \csc x \, dx = -\cot x + c$

5. $\int \sec x \tan x \, dx = \sec x + c$

6. $\int \csc x \cot x \, dx = -\csc x + c$

7. $\int \tan x \, dx = \ln|\sec x| + c$

8. $\int \cot x \, dx = \ln|\sin x| + c$

9. $\int \sec x \, dx = \ln|\sec x + \tan x| + c$

10. $\int \csc x \, dx = \ln|\csc x - \cot x| + c$

三、反三角函數

1. $\displaystyle\int \frac{1}{\sqrt{1-x^2}}dx = \text{Sin}^{-1}x + c$

2. $\displaystyle\int \frac{1}{\sqrt{a^2-x^2}}dx = \text{Sin}^{-1}\left(\frac{x}{a}\right) + c$

3. $\displaystyle\int \frac{1}{1+x^2}dx = \text{Tan}^{-1}x + c$

4. $\displaystyle\int \frac{a}{a^2+x^2}dx = \text{Tan}^{-1}\left(\frac{x}{a}\right) + c$

四、指數函數

1. $\displaystyle\int e^{ax}dx = \frac{1}{a}e^{ax} + c$

2. $\displaystyle\int a^x dx = \frac{1}{\ln a}a^x + c$

3. $\displaystyle\int e^{ax}\sin bx\,dx = \frac{e^{ax}}{a^2+b^2}\left(a\sin bx - b\cos bx\right) + c$

4. $\displaystyle\int e^{ax}\cos bx\,dx = \frac{e^{ax}}{a^2+b^2}\left(a\cos bx + b\sin bx\right) + c$

五、分部積分公式

$$\int u\,dv = uv - \int v\,du$$

附錄 B   三角函數公式

1. $\sin(\alpha \pm \beta) = \sin\alpha\cos\beta \pm \cos\alpha\sin\beta$
2. $\cos(\alpha \pm \beta) = \cos\alpha\cos\beta \pm \sin\alpha\sin\beta$
3. $\sin 2\alpha = 2\sin\alpha\cos\alpha$
4. $\cos 2\alpha = 2\cos^2\alpha - 1 = 1 - 2\sin^2\alpha$
5. $\cos^2\alpha = \dfrac{1 + \cos 2\alpha}{2}$
6. $\sin^2\alpha = \dfrac{1 - \cos 2\alpha}{2}$
7. $\tan(\alpha \pm \beta) = \dfrac{\tan\alpha \pm \tan\beta}{1 \mp \tan\alpha\tan\beta}$
8. $\tan 2\alpha = \dfrac{2\tan\alpha}{1 - \tan^2\alpha}$
9. $\sin(\alpha + 90°) = \cos\alpha$
10. $\cos(\alpha - 90°) = \sin\alpha$

電 路 學（下）

叢書主編／楊宏澤博士
作　　者／黃燕昌博士、黃昭明博士
執行編輯／吳柏毅
出 版 者／弘智文化事業有限公司
登 記 證／局版台業字第 6263 號
地　　址／台北市中正區丹陽街 39 號 1 樓
電　　話／（02）23959178 · 0936252817
傳　　真／（02）23959913
發 行 人／邱一文
書店經銷／旭昇圖書有限公司
地　　址／台北縣中和市中山路 2 段 352 號 2 樓
電　　話／（02）22451480
傳　　真／（02）22451479
製　　版／信利印製有限公司
版　　次／2003 年 3 月初版一刷
定　　價／350 元

ISBN 957-0453-79-6
本書如有破損、缺頁、裝訂錯誤，請寄回更換！